害虫・雑草を抑え、天敵を増やす

地域の植生管理

静岡県農林技術研究所　農村植生管理プロジェクト

広がる斑点米カメムシの被害

アカスジカスミカメ
による被害米

近年、斑点米カメムシのなかで、特にアカスジカスミカメの被害が広がっています。

アカヒゲホソミドリ
カスミカメ

ホソハリカメムシ

クモヘリカメムシ

アカスジカスミカメ
(成虫)

(幼虫)

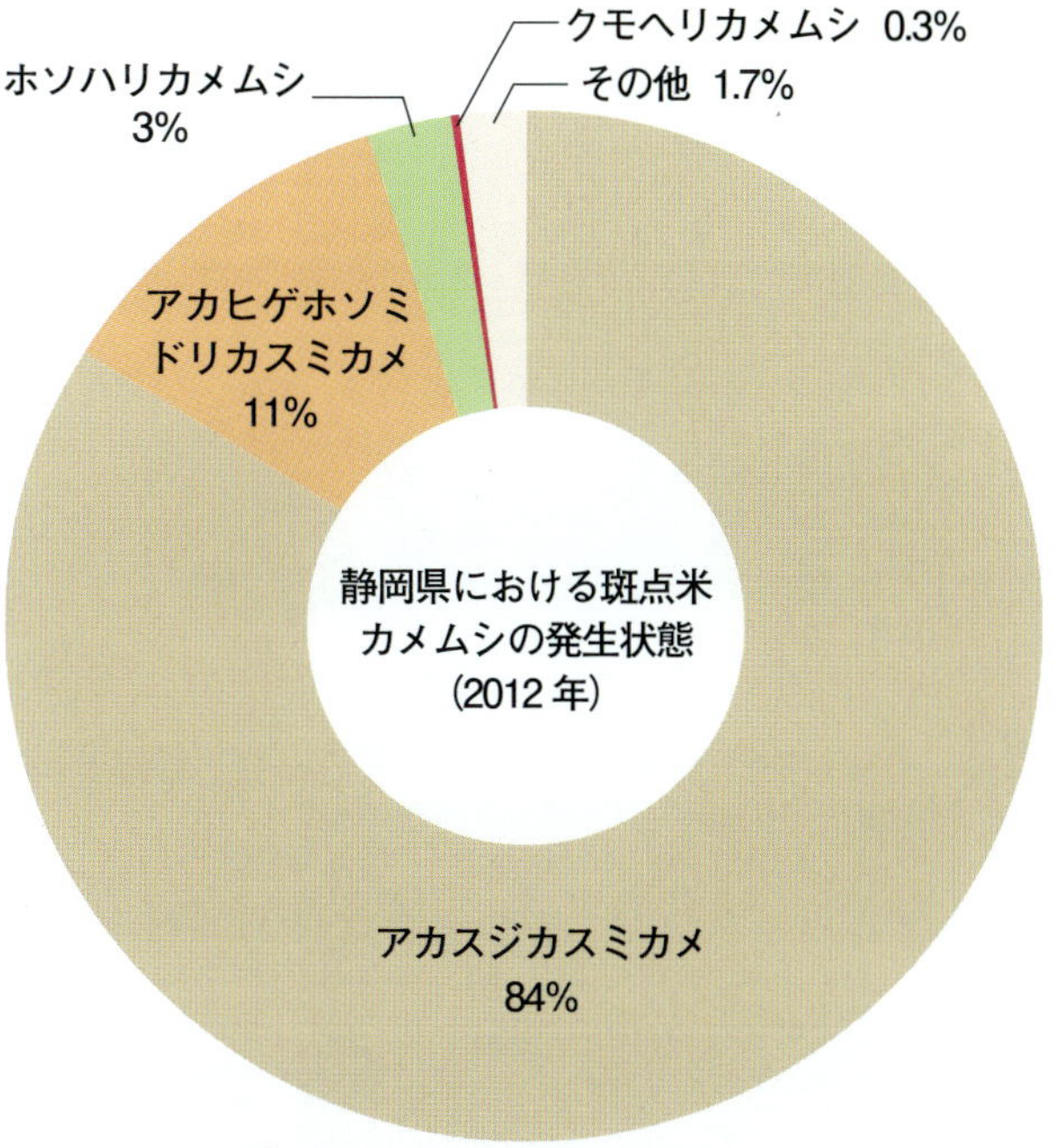

主な斑点米カメムシ(実物大)

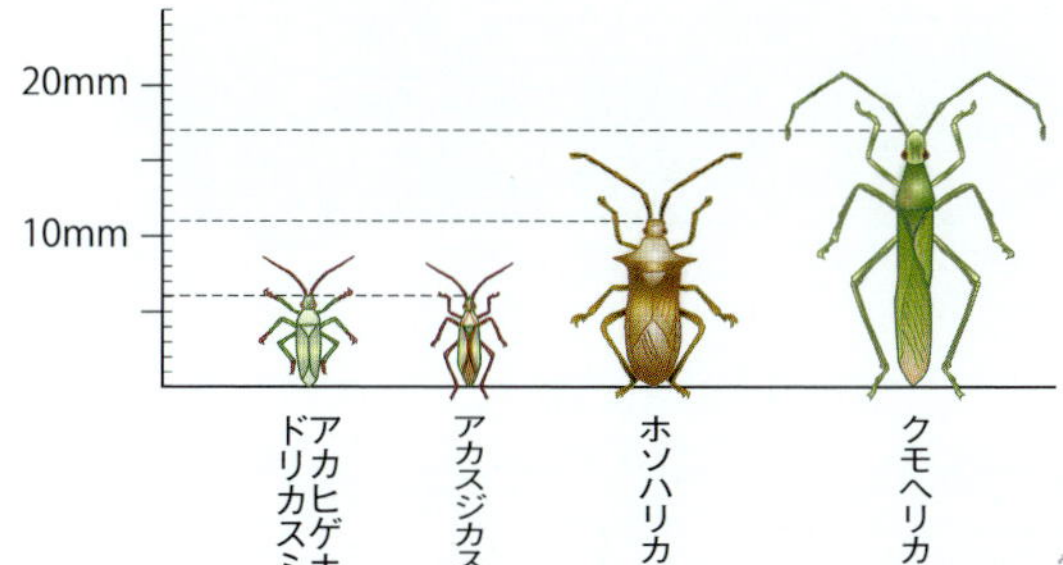

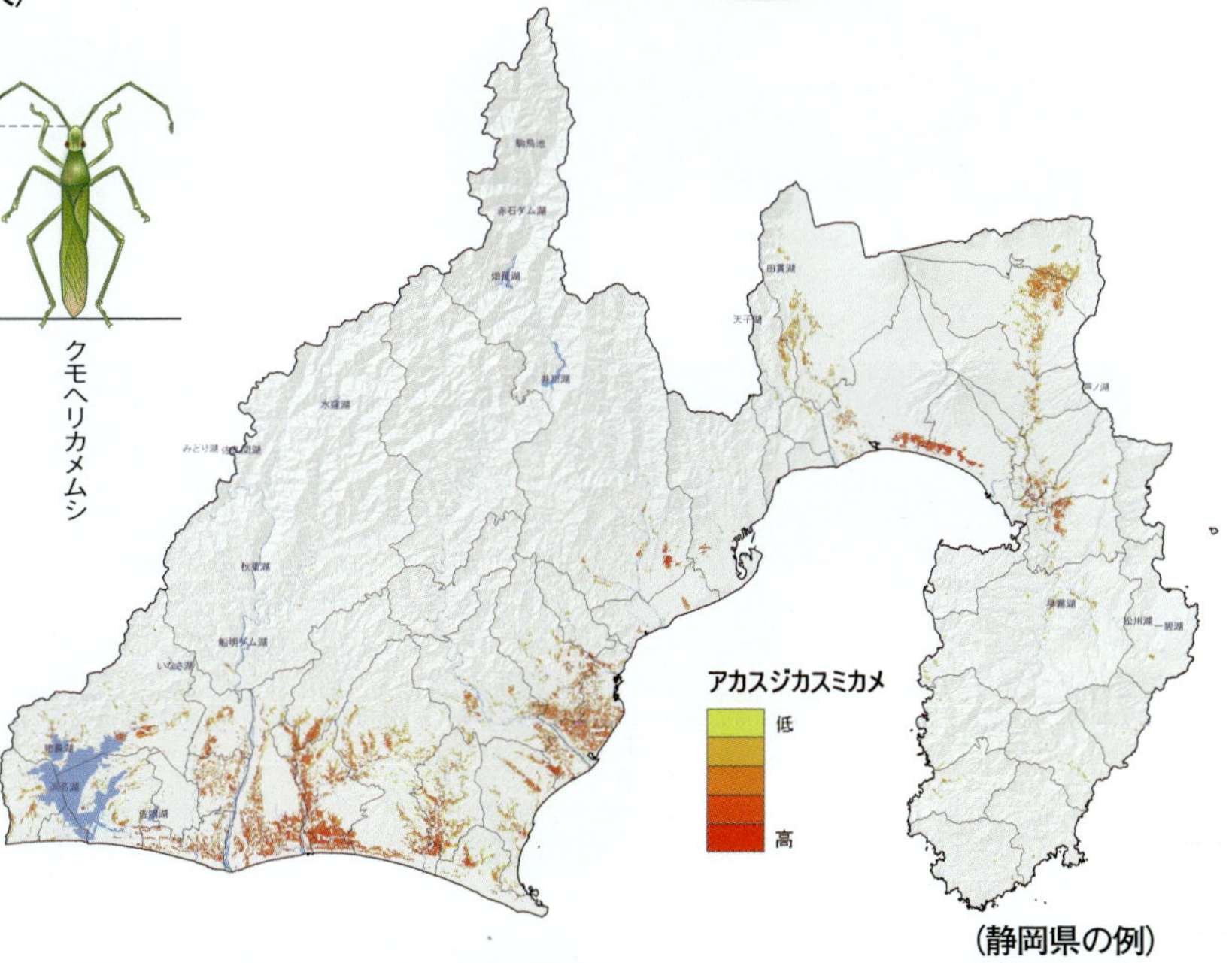

田んぼがまとまっている場所では、アカスジカスミカメが発生しやすい

(静岡県の例)

イネ科雑草の攻略がカギ

斑点米カメムシは集落内の田んぼや畦畔、雑草地、土手などに生えるイネ科雑草を移動しながら、夏に出穂したイネにやってくる。

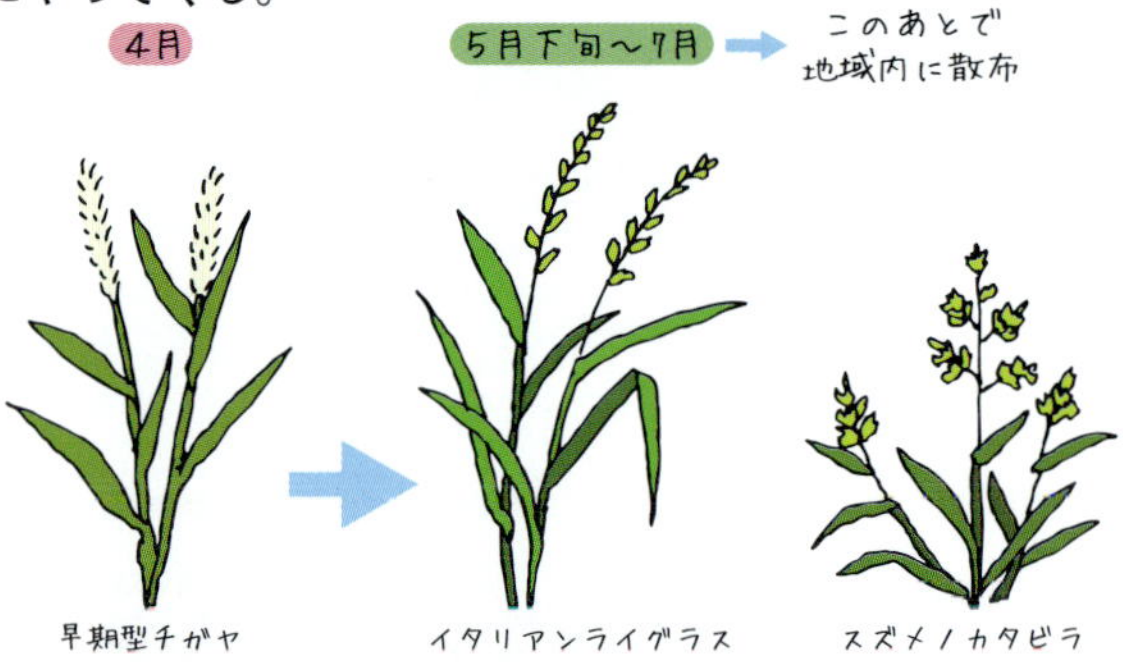

春

チガヤ（茅萱）

[分布]
全国
畦・道ばた
[高さ]
腰ほど
[花期]
春

穂は綿状の毛に包まれる

スズメノテッポウ（雀の鉄炮）

[分布]
全国
田・畦・道ばた
[高さ]
膝ほど
[花期]
春

穂は黄色みがかった淡緑色になる

セトガヤ（瀬戸茅）

[分布]
関東以西
田・畦・道ばた
[高さ]
膝ほど
[花期]
春

芒(のぎ)が長く、花粉が白い

初夏

イタリアンライグラス（ネズミムギ、鼠麦）

[分布]
全国
畦・道ばた
[高さ]
腰ほど
[花期]
春～夏

葉は光沢があり、穂に芒(のぎ)がある

スズメノカタビラ（雀の帷子）

[分布]
全国
田・畦・道ばた
[高さ]
足首ほど
[花期]
春～秋

葉の先はボード形で、小穂には卵形の小花が数個つく

夏～秋

メヒシバ（雌日芝）

[分布]
全国
畦・道ばた
[高さ]
腰ほど
[花期]
夏～秋

葉や茎に粗い毛が生え、ひも状の穂がつく

イヌビエ（犬稗）

[分布]
全国
田・畦・道ばた
[高さ]
腰ほど
[花期]
夏～秋

たくさんの小穂がつき、芒(のぎ)がある

アカスジカスミカメ対策のポイントは？

アカスジカスミカメの生活史（季節により寄生するイネ科雑草の変化）に注目して、春の発生場所で叩くのが基本。

ポイント1

秋の草刈りは効果なし
（草を刈っても土の上で卵が冬を越す）

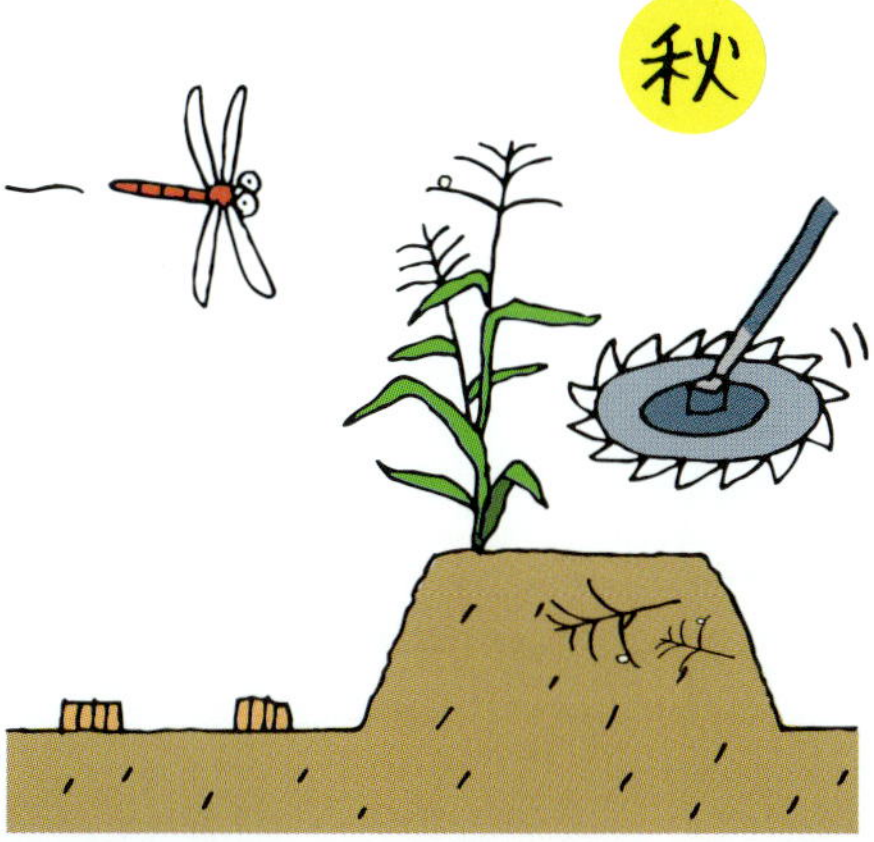

ポイント2

秋〜春の連鎖を断ち切る
（休耕田の耕起や草刈り）

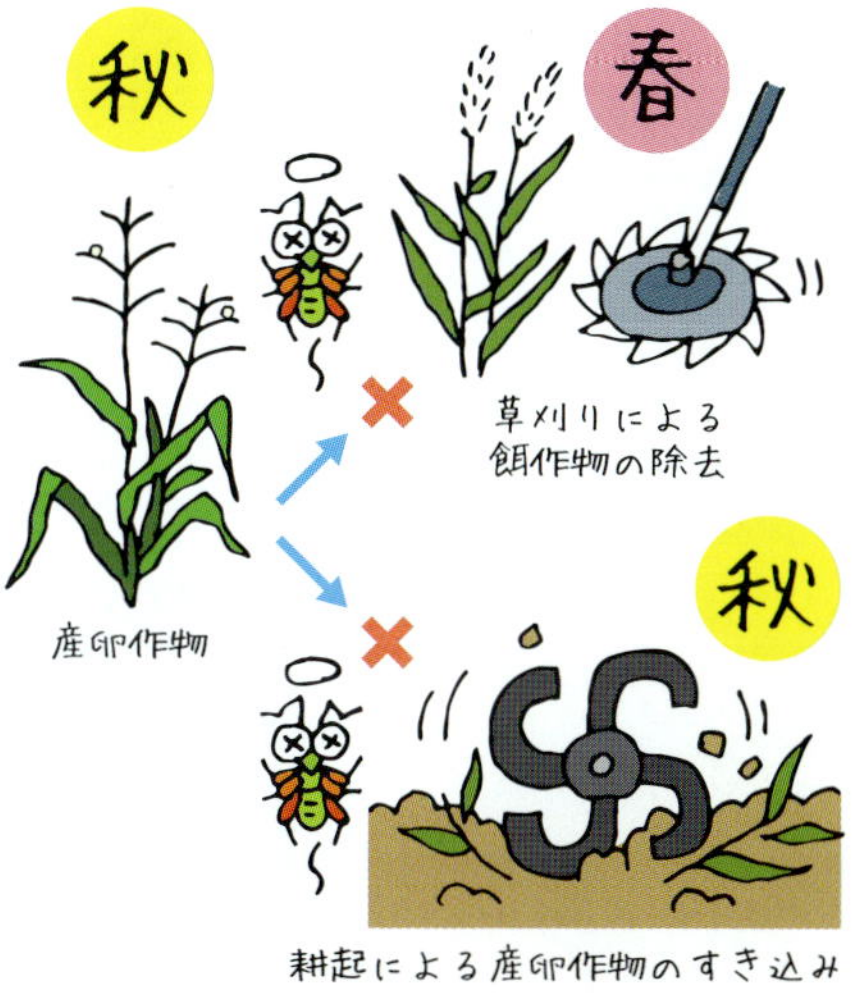

ポイント3

春の草刈りはタイミングが重要
（早すぎても遅すぎてもいけない）

イネ科雑草の草刈りで注意したいこと

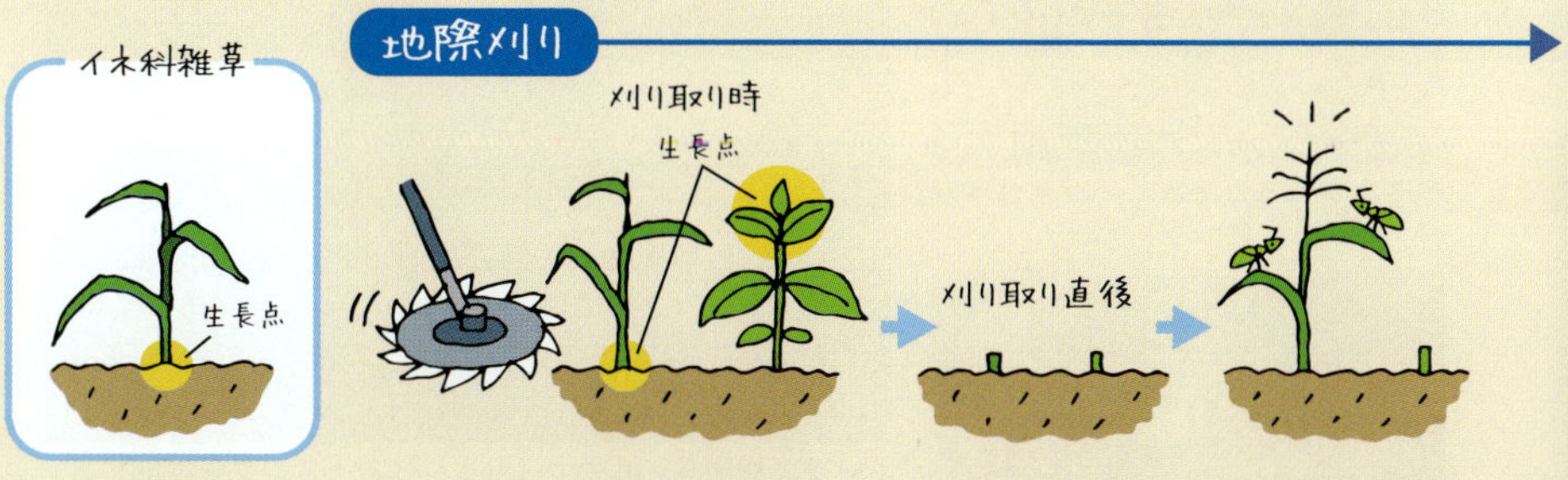

イネ科雑草は生長点が地際にあるため、頻繁に刈りすぎると逆に繁茂する

メヒシバなどのイネ科雑草が優占

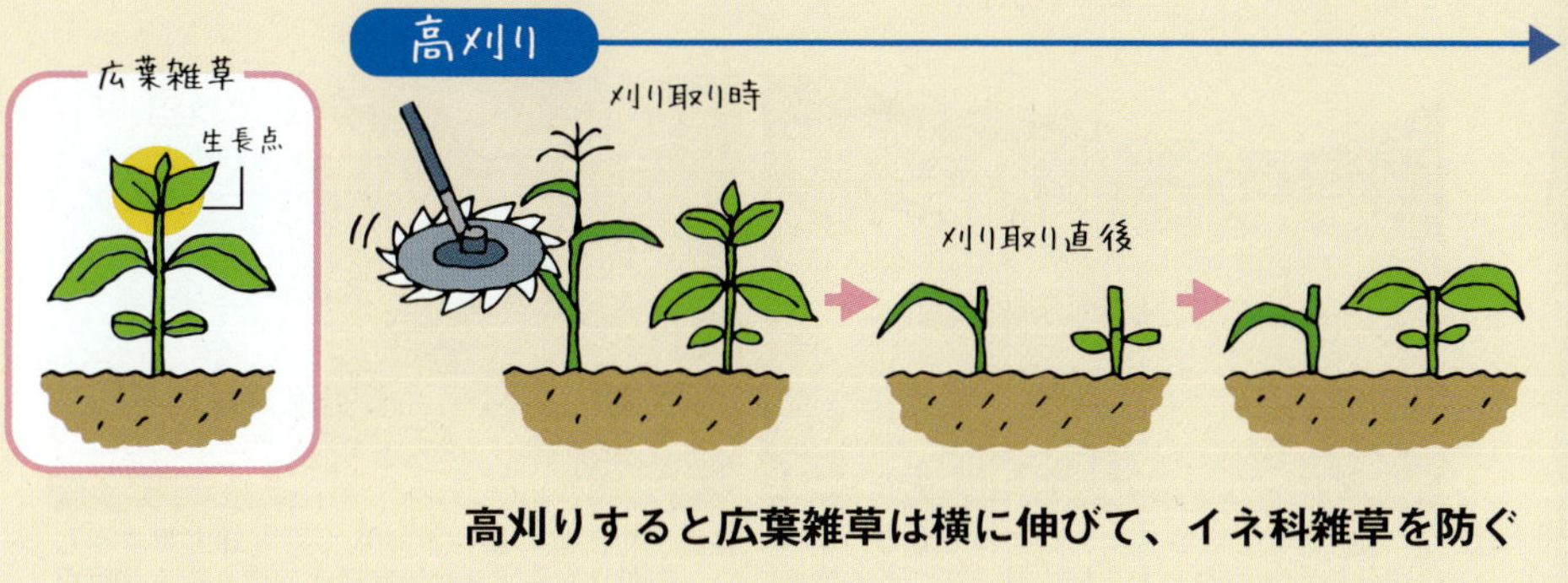

高刈りすると広葉雑草は横に伸びて、イネ科雑草を防ぐ

ツユクサなどの広葉雑草が優占

耕作放棄地を活用する3つのステップ

現状

害虫・問題雑草の発生源

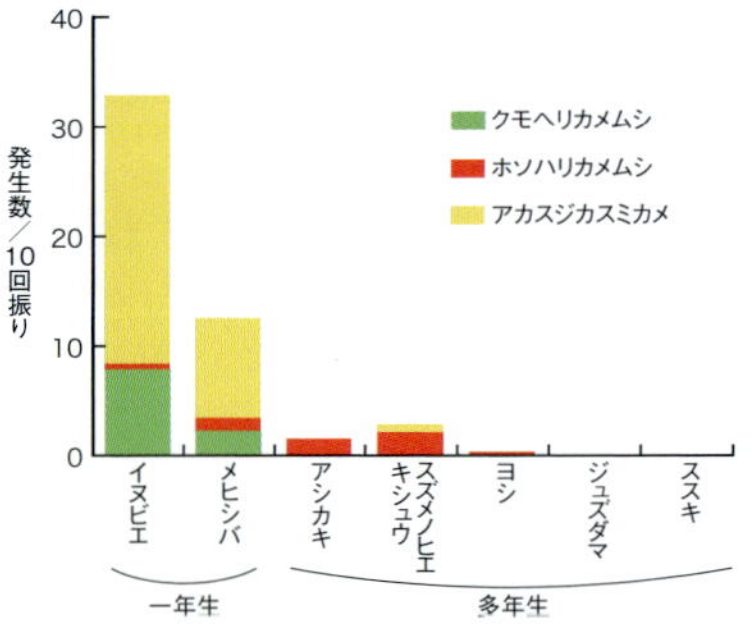

雑草別の斑点米カメムシの発生状況
斑点米カメムシは湿った休耕田のイネ科雑草（特にイヌビエやメヒシバ）を好む

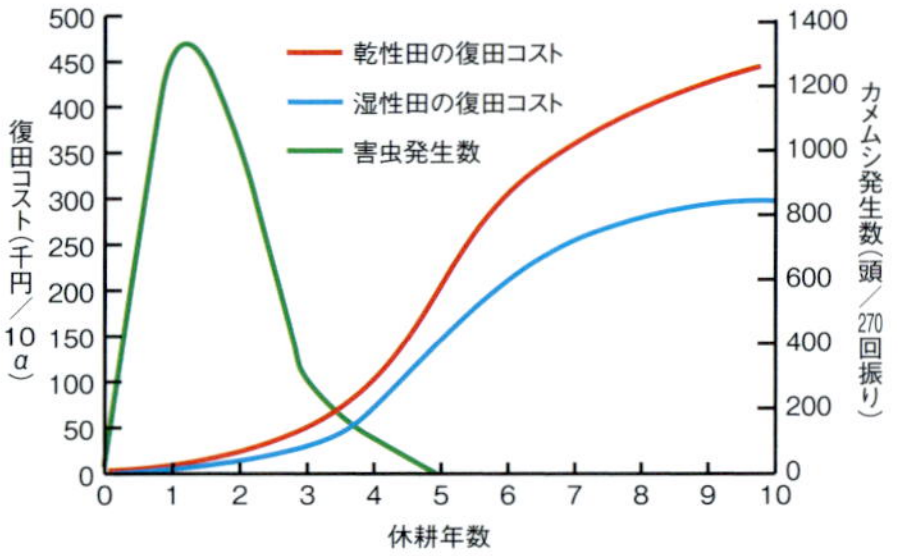

カメムシ発生数と復田コスト
休耕田ではイネ科雑草が増える1〜2年目にカメムシの発生が特に多い

ステップ1

マイナスをゼロにする
（問題雑草をなくす）

カバープランツ／カバープランツを植えることで問題雑草の発生を抑えることができる（写真はアップルミント）

冬期湛水／冬に水を湛める冬期湛水や米ぬかの散布でイネ科雑草が抑えられる（写真：磐田用水東部土地改良区）

ステップ2

ゼロをプラスにする
（天敵を増やす）

種子を食べるコオロギ／コオロギは雑草の種子を食べる、天敵

コモリグモ／コモリグモは田んぼの中を（水上も）歩き回って害虫を補食する

ドイツの緑地帯／欧米では害虫を捕食するクモや寄生バチなどの天敵を保全するため、小麦畑のまわりに緑地帯を設けている

ステップ3

プラスαを見出す
（仕事起こしにつなげる）

ソバ畑／手間がかからず、やせ地でも育つソバは耕作放棄地対策の大きな味方。特に夏の雑草対策としては、夏ソバも効果的

養蜂／樹園地の耕作放棄地でも養蜂とコラボして、蜜源作物を雑草対策に植える取り組みが行なわれている（写真：静岡県東部農林事務所）

はじめに——地域の力を農業の力に

農業は米や野菜などの食糧を保全するだけでなく、自然環境を創出し、保全するという大切な役割を担っています。

自然環境を保全する農業の役割は、田んぼや畑など、ほ場だけで発揮されているわけではありません。地域の自然と密接に関わりながら、農村の自然は形作られています。しかし、このような多面的機能の価値が何兆円あるとか何億円あるとかいわれても、農家や地域にそれだけの経済的メリットがあるわけではないので、ピンときません。農業・農村は金額換算すれば、多大な価値をもっているということは大切なことですが、もっと等身大の多面的機能を科学的に解析することによって、多面的機能をより具体的に営農活動や地域活動に役立たせていくことはできないでしょうか。

そこで、静岡県農林技術研究所では、特別チームを編成し、静岡県の水田を中心とした農村地域の多面的機能を生物多様性保全機能、水質浄化機能、景観保全機能の視点で評価を行ない、それらの多面的機能を発揮する地域資源の管理手法を提案してきました。その成果の一部については、『田んぼの営みと恵み』（創森社）や『静岡の棚田研究』（静岡新聞社）などにまとめたところです。

その研究から、改めて感じたことは、農業と地域環境とは密接に関係しているということです。農業・農村の多面的機能を発揮するうえでは、農業と地域環境とが連携した活動をすることが大切です。たとえば、田んぼの生きものを増やしたいと思えば、田んぼの管理だけでなく、田んぼの周辺の環境も大切になるのです。

今、農村の資源を守るための地域保全活動が全国各地で盛んに行なわれています。これは、多面的機能を発揮するうえで、とても大切なことです。このような地域保全活動、営農活動と別々に行なわれるのではなく、地域保全活動と営農活動が連携して行なわれれば、地域の農業にとってこんなに心強いことはありません。地域保全活動によって地域の営農活動が支えられ、また地域の農業が地域の環境を守っていくのです。

さらに、私たちが、多面的機能を発揮する研究のなかで見出したことは、地域活動は、地域の営農活動によって、環境保全型農業を行ないやすい営農環境ができるのではないか、ということでした。

地域資源の管理によって、田んぼや畑など圃場の生物多様性を豊かにすることができます。そうだとすれば、地域資源を管理することによって、害虫を減らしたり、天敵を増やしたりといった、生物多様性の質を変えることができるかも知れません。

実際に調べてみると、地域活動の手法によっては逆に雑草や害虫が増えてしまう例まで観察されました。せっかく労力をかけて地域活動に取り組むのであれば、雑草や害虫を増やすのではなく、減らす管理をしたいものです。研究を進めるなかで、私たちが強く感じたのは、地域環境と地域農業との関係を明らかにし、より戦略的に地域の生態系を管理することの必要性でした。

本書は、私たち静岡県農林技術研究所の研究プロジェクトチームが、二〇〇七年から二〇〇九年にかけて行なった研究成果をまとめたものです。

第一章では、静岡県の水田の最重要害虫であるアカスジカスミカメの生態的管理についてまとめました。アカスジカスミカメの被害に困っている地域の方々に参考にしていただけることはもちろんですが、この研究の「地域の力を農業の力に」という視点での生態管理の考え方は、斑点米カメムシ以外の害虫にも応用可能な部分もあると思います。

また、第二章では、多面的機能を営農活動に活用するという視点から、「生きものを増やす」という地域活動の取り組みを「農業の力」に変える手法を検討しました。

他方、最近増えつつある遊休農地をどう管理するかは、地域の生物多様性や害虫の発生に大きな影響を与えそうです。そこで、第三章では、地域の構成要素として無視できない遊休農地を取り上げて、地域の生態系管理に活用する手法について提案しました。

研究は進めば進むほど、わからないことが増えてくるというのが常です。まだ研究途上で不十分な部分もあろうかと思いますが、私たちの研究成果が、地域活動に取り組まれている皆様のヒントになれば、こんなにうれしいことはありません。

平成二十五年三月

農村植生管理プロジェクトリーダー　稲垣栄洋

目次

第2章　生きものの力を農業の力に

図目次

第1章

地域の力で害虫を防除

Ⅰ　どうする？斑点米カメムシ被害

1　アカスジカスミカメはこんな虫

被害が広がる斑点米カメムシ

最近、田んぼの害虫として問題になっている虫に斑点米カメムシがあります。

斑点米カメムシはイネの葉を食べたりすることはありませんが、籾の中の汁を吸います。すると、黒い斑点のできたお米ができてしまうのです。

米の品質が重要視される現代では、斑点米カメムシは米の品質を低下させる深刻な問題となっています。

斑点米カメムシは、地域によってさまざまな種類がいますが、静岡県で問題となるカメムシは主に四種類です。

静岡県の例では、特にアカスジカスミカメという小さなカメムシが問題になっています。

アカスジカスミカメはこんな虫

アカスジカスミカメは北海道から九州まで分布が確認されており、全国的に問題となっている代表的な斑点米カメムシです。

アカスジカスミカメは、その名のとおり背中に赤い筋の入った小さな小さなカメムシです。一般の人がイメージする五角形の亀の甲羅のような形をしたカメムシとは違って、細長く一見するとハエかカのように見えるほどの小さな虫です。

しかし、この小さな虫が、未熟なイネの籾の汁を吸って斑点米を引き起こします。そしてアカスジカスミカメは、近年大発生を起こして大きな被害をもたらしているのです。

静岡県の例では、斑点米カメムシの発生量の約八割が、このアカスジカスミカメです。

主な斑点米カメムシ
上からアカスジカスミカメ、アカヒゲホソミドリカスミカメ、クモヘリカメムシ、ホソハリカメムシ

斑点米カメムシによる被害米

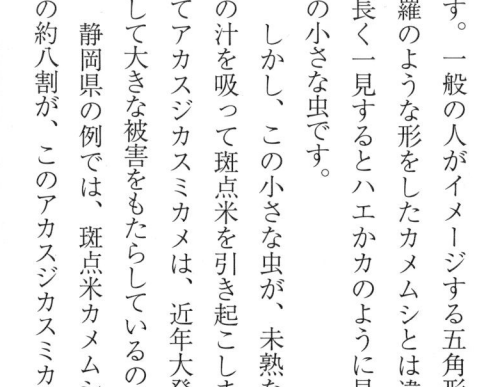

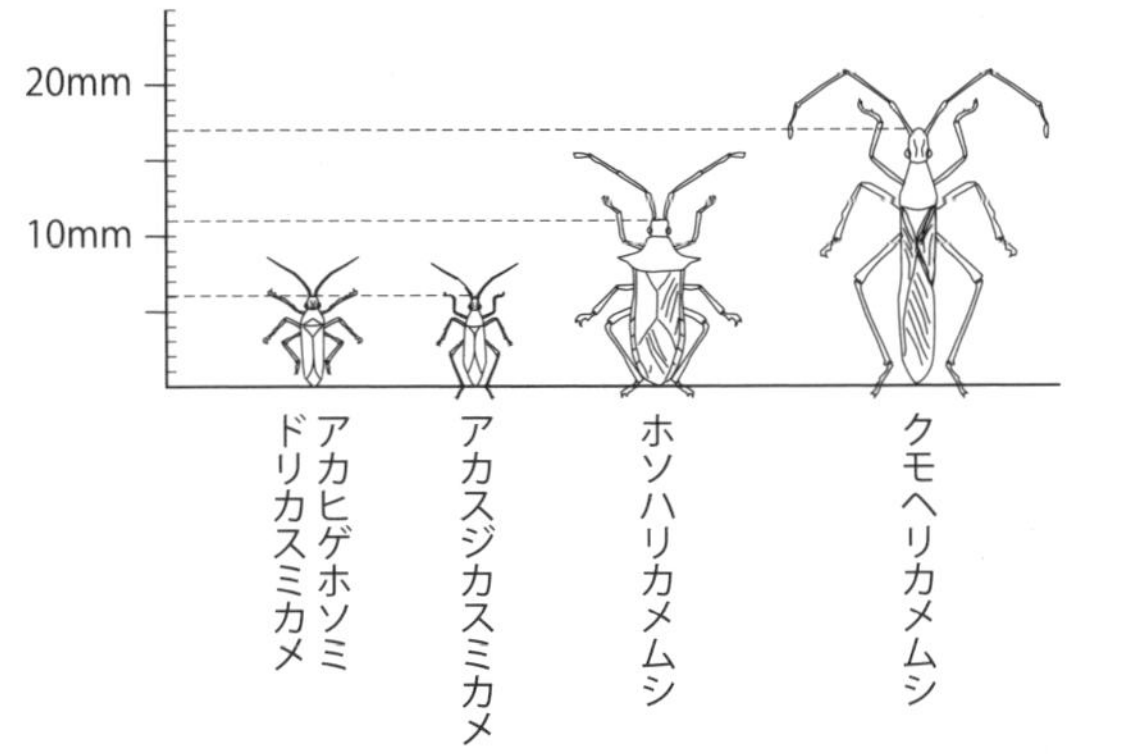

主な斑点米カメムシ（実物大）
アカスジカスミカメは小さなカメムシ

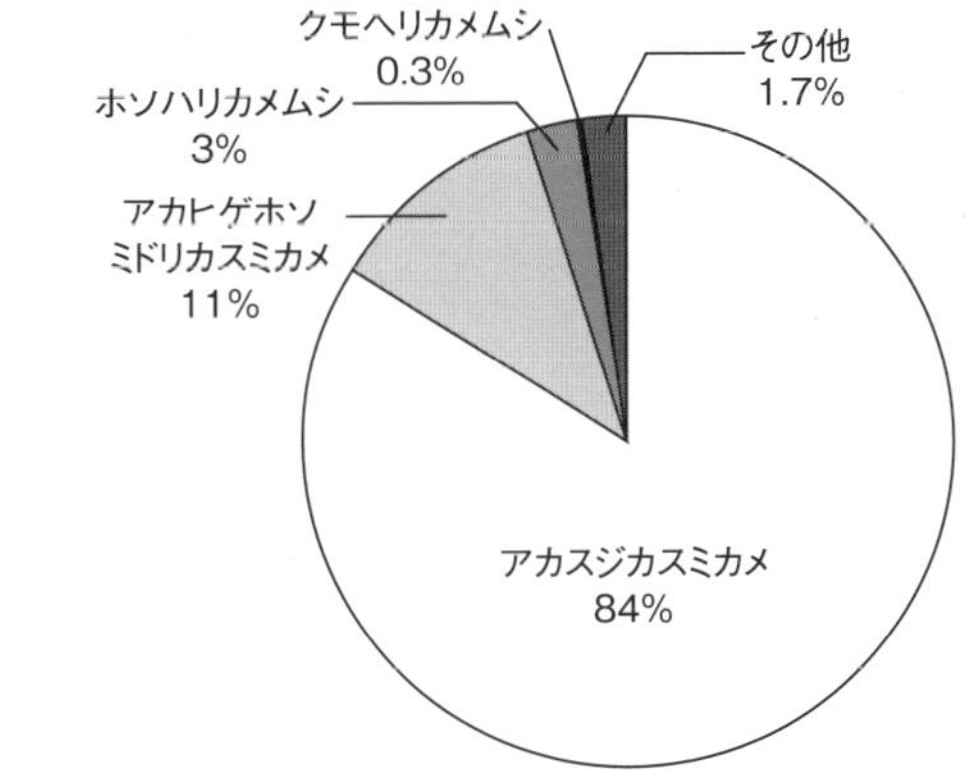

図１　静岡県における斑点米カメムシの発生割合（2012 年）
アカスジカスミカメの被害が全体の８割以上を占める

アカスジカスミカメの移動範囲

アカスジカスミカメは、幼虫、成虫ともにイネ科植物の穂を餌にしています。イネの葉を食べたりすることはなく、イネ科の穂にある植物の子実の汁を吸うのです。そのため、イネが出穂するまでは、イネに被害をもたらすことはありません。ところがイネが出穂すると、田んぼの中にやってきて、イネの穂を吸汁するのです。

それでは、イネが出穂するまでは、アカスジカスミカメはどこにいるのでしょうか。

アカスジカスミカメは、ムギや牧草などの作物や、田んぼの周辺のイネ科雑草を餌にして暮らしています。そして、地域の中を移動し、繁殖を繰り返しながら、増殖して、田んぼにやってくるのです。

斑点米カメムシは半径 300 ｍの範囲でイネ科雑草を求めて移動する

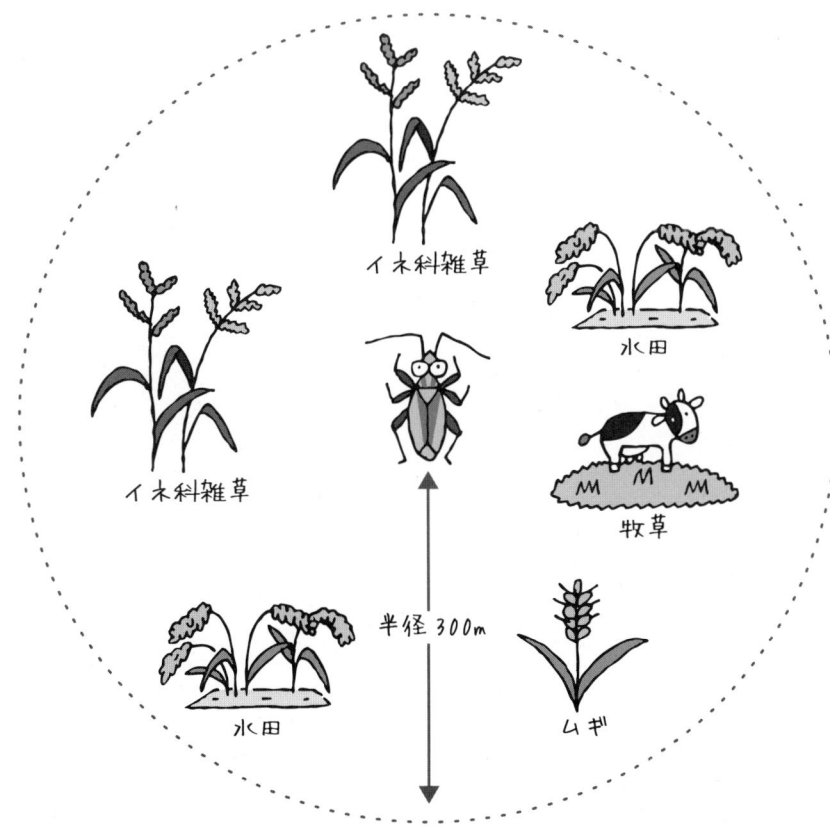

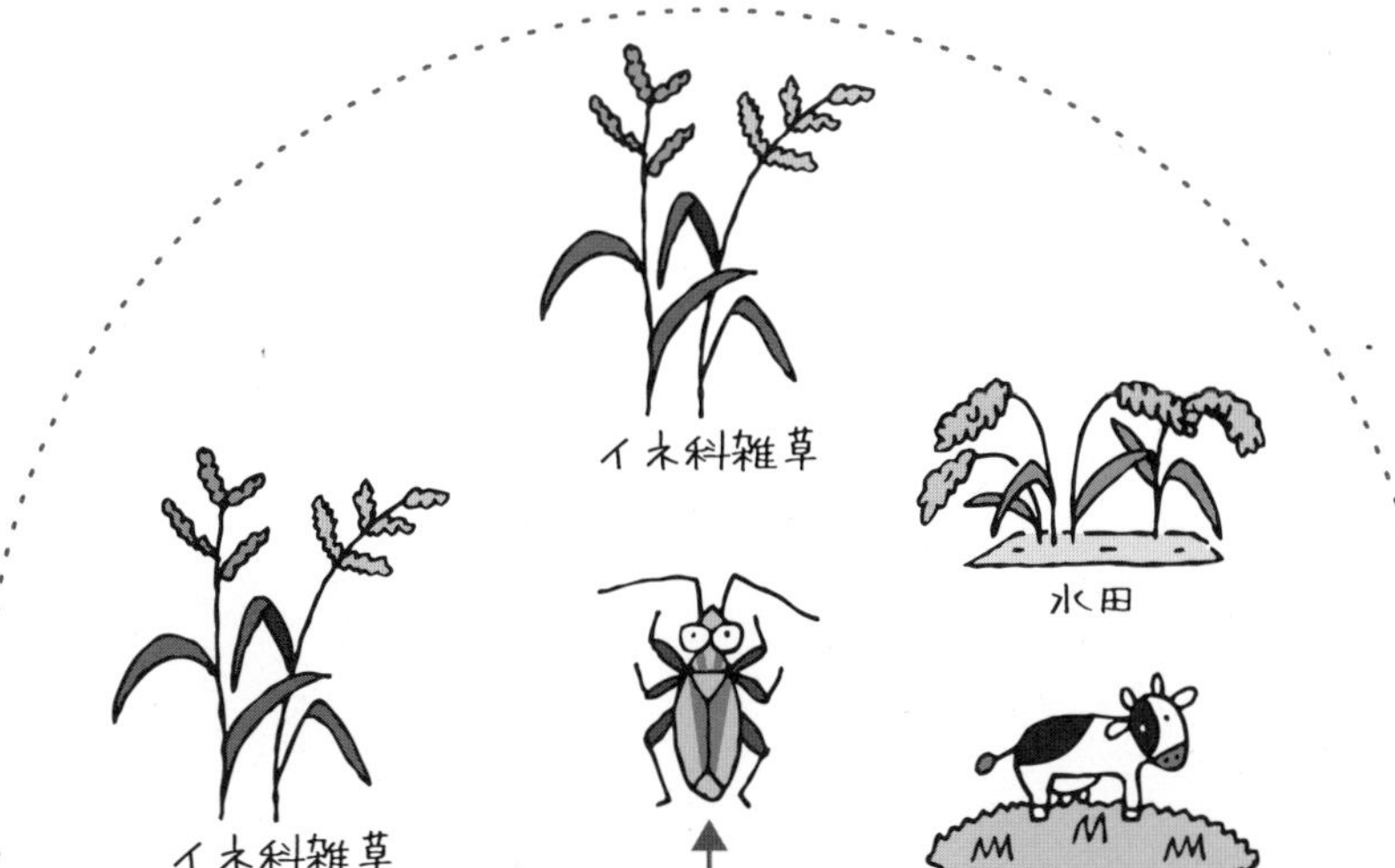

アカスジカスミカメは、半径三〇〇メートルを移動するといわれています。つまりはちょうど、集落地域の範囲ぐらいです。

害虫になったアカスジカスミカメ

アカスジカスミカメは、謎の多い害虫です。アカスジカスミカメの被害が報告されるようになったのは、一九八〇年代のことです。しかし、それ以前からもアカスジカスミカメは田んぼのまわりに見られました。それでも数が少なく、イネに害を与えることは、ほとんどありませんでした。もともとアカスジカスミカメは、昔は取るに足りない「ただの虫」でした。

ところが、そんな「ただの虫」だったアカスジカスミカメが、今ではイネにもっとも被害を与える大害虫に変貌してしまったのです。その理由は、はっきりとはわかっていません。一つには生産調整に伴う休耕地や耕作放棄地の増加があるともいわれています。また、暖冬によって越冬できる数が多くなったり、夏の高温によって発生のサイクルが短くなってきているという指摘もあります。

アカスジカスミカメが害虫化した要因については、本書でも後ほど推理してみることにしましょう（49ページ）。

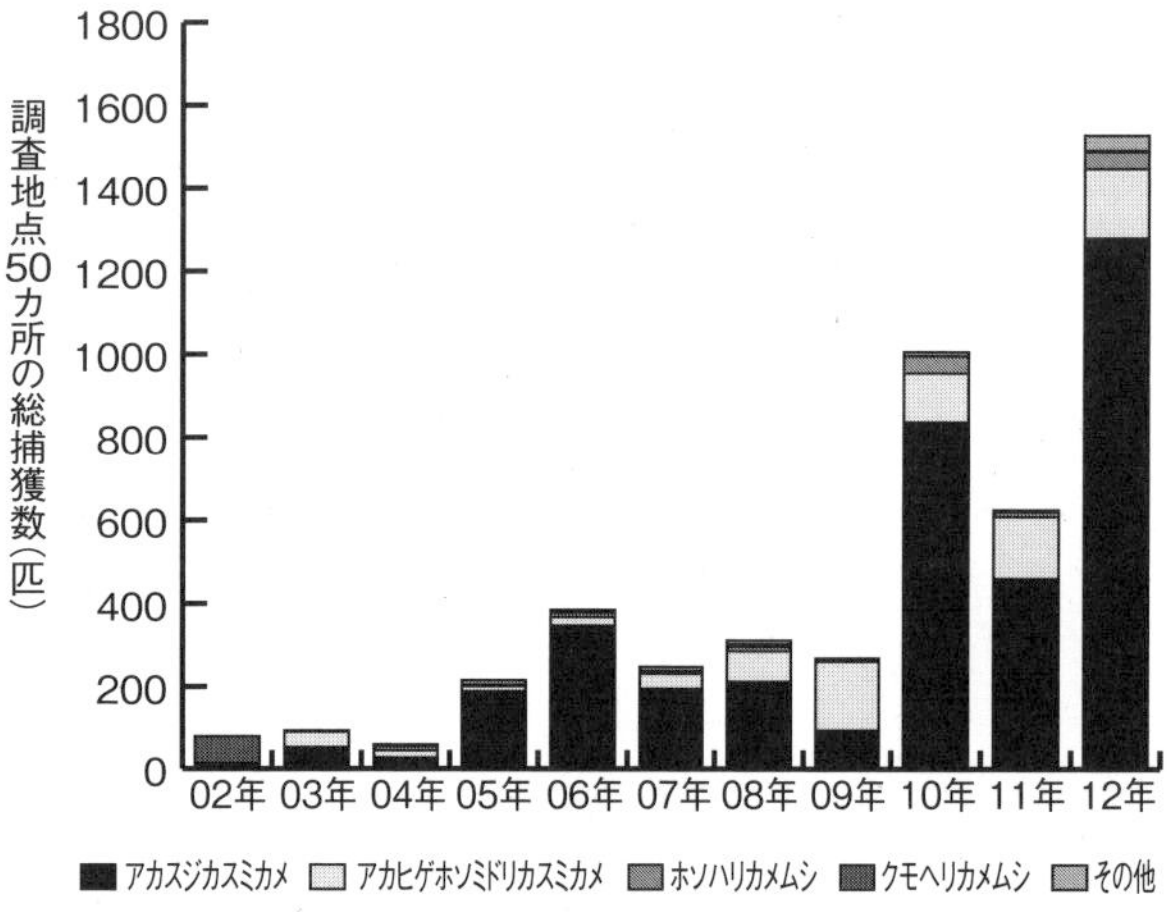

図2　アカスジカスミカメの増加
昔は「ただの虫」だったアカスジカスミカメの被害が急増

2 ほ場の管理から地域の管理へ

ほ場の管理から地域の管理へ

これまでの水田害虫の防除は、田んぼの中で行なわれてきました。もちろん、地域で広域に一斉防除などを行なうこともありましたが、それも主には田んぼを対象としていまし

た。稲作は田んぼの中で行なうものですから、これは当たり前のことです。

しかし、アカスジカスミカメなどの斑点米カメムシは、田んぼの外で増えて田んぼの中にやってきます。田んぼの中での防除を繰り返しても、次から次へと田んぼの中へとやってきてしまうのです。

外からやってくる斑点米カメムシを田んぼで迎え撃つことは、たとえるのなら、城の本丸でいきなり敵と戦うようなものです。

本丸決戦ですから、もう負けは許されません。しかも倒しても倒しても、敵は外から次々と襲いかかってきます。そして、たとえ勝利したとしても、城も無傷ではいられません。それが本丸の戦いです。

本丸を守ることは大切であっても、籠城しているだけでは埒が明きません。城を守るためには城から打って出ることが大切です。少なくとも敵兵が次から次へと供給されてくるルートだけは遮断したいものです。そして、もし相手の城を攻めることができれば、本丸での戦いの負担は、ずいぶんとらくなものになることでしょう。もしかすると、農薬をずいぶんと減らすことができるかもしれません。

もちろん、これまでは本丸で戦うしかありませんでした。自分の管理が及ぶところは、自分の田んぼだけだったからです。

しかし、最近では地域協議会などを作って地域の草刈りや耕作放棄地の利用を図る取り組みも行なわれています。もし、地域という視点で管理ができるのであれば、せっかくであればアカスジカスミカメの城を攻めて、地域の稲作の役に立つ活動ができないか、というのがこの研究のアイデアです。

これまでのアカスジカスミカメの防除

①徹底的な雑草防除　②イネが出穂したら、雑草防除は行なわない

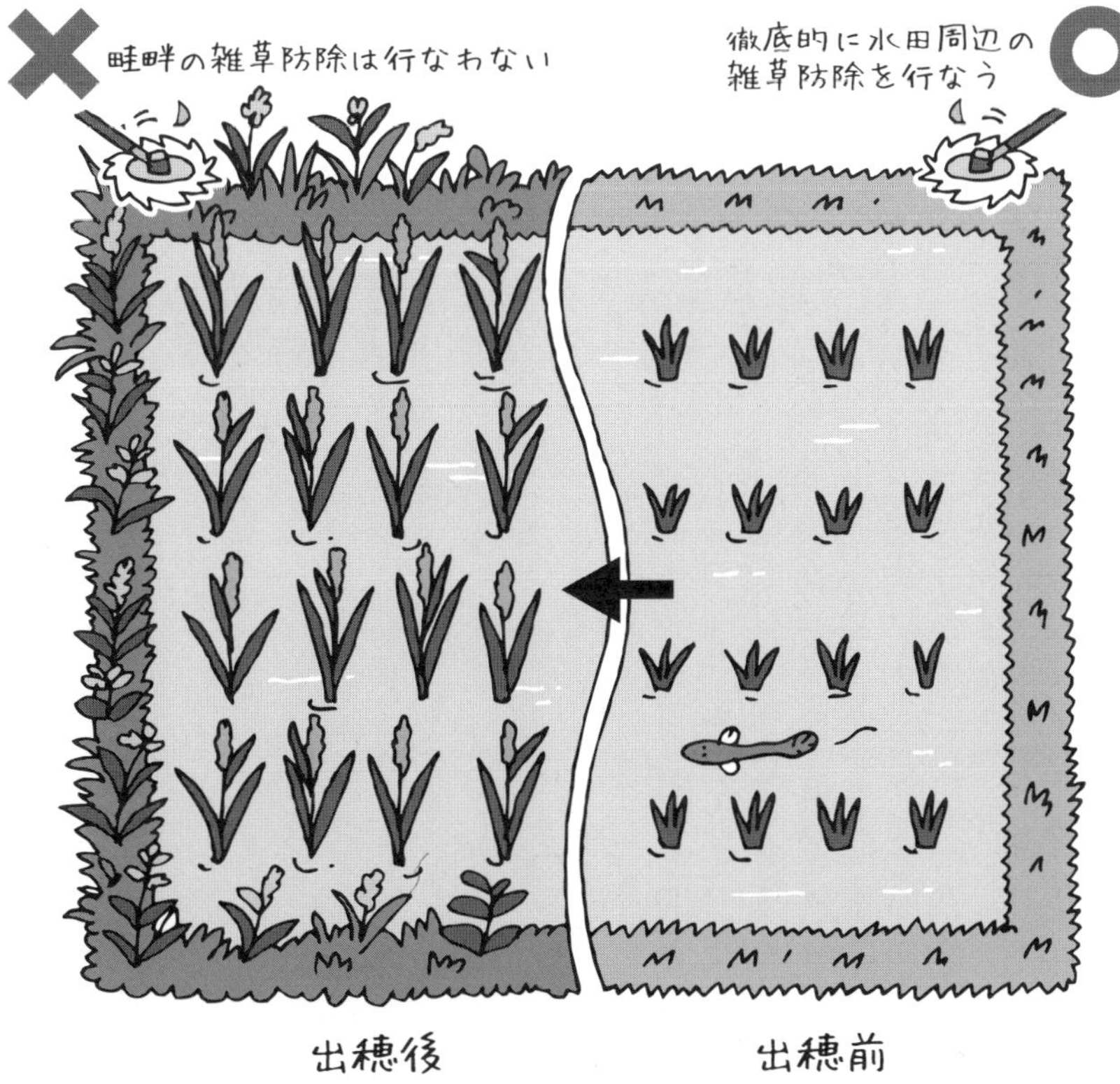

兵糧を断つ

しかし……と皆さんは思うことでしょう。

地域の除草が大事なことはわかっている。しかし、アカスジカスミカメが餌にしているイネ科雑草は、そこらじゅうに繁茂している。地域の中に生えているイネ科雑草を徹底的に防除し、撲滅することなど、とてもできないのではないのだろうか。

それは、そのとおりです。とはいえ、本当

に可能性はないのでしょうか。

戦国武将を気取って、もう少し考えてみましょう。

敵を倒すには真正面から戦えばよいというものではありません。敵の食糧を奪って打ち負かす兵糧攻めも、有効な戦略の一つです。

兵糧を断って本丸（本田）を防衛

斑点米カメムシの防除も、農薬で殺すばかりではありません。餌植物をなくすということも斑点米カメムシを抑制するために、とても重要なことです。

もちろん、害虫を退治するために、餌となる雑草を防除するという考え方は、けっして新しいものではありません。

しかし、雑草をすべて防除することは簡単ではありません。また、畦畔の場合は、雑草がすべてなくなると畦畔が崩れてしまいますから、雑草をすべてなくすこともできません。

もっとも、よく考えてみれば、すべての雑草が問題を引き起こしているわけではありません。雑草のなかには、問題となるものもあれば、そうではないものもあるはずです。

アカスジカスミカメの場合は、イネ科雑草の穂を餌にしているといわれています。とはいえイネ科雑草はたくさんあります。しかし、すべてのイネ科雑草が悪者なのでしょうか。もし、特定のイネ科雑草が問題になっているのであれば、もしかするとターゲットを絞った除草管理ができるかもしれません。

そこで、雑草と一括りにするのではなく、アカスジカスミカメが利用している雑草の種類を丹念に調べようというのが、この研究の二つめのアイデアです。

アカスジカスミカメの生活史

アカスジカスミカメは、地域の中をどのように移動しながら暮らしているのでしょうか。

アカスジカスミカメは、イネ科植物の穂を餌にしています。そのため、地域の中にはたくさんのイネ科植物がありますが、穂が出たイネ科植物を探し歩いているのです。

このことから、アカスジカスミカメは主に次のような生活史を送っていると考えられていました。

春先に最初に穂を出すのはスズメノテッポウという雑草です。そのため、アカスジカスミカメの生活史はスズメノテッポウからスタートするといわれています。

防除すべきイネ科雑草の種類を特定する

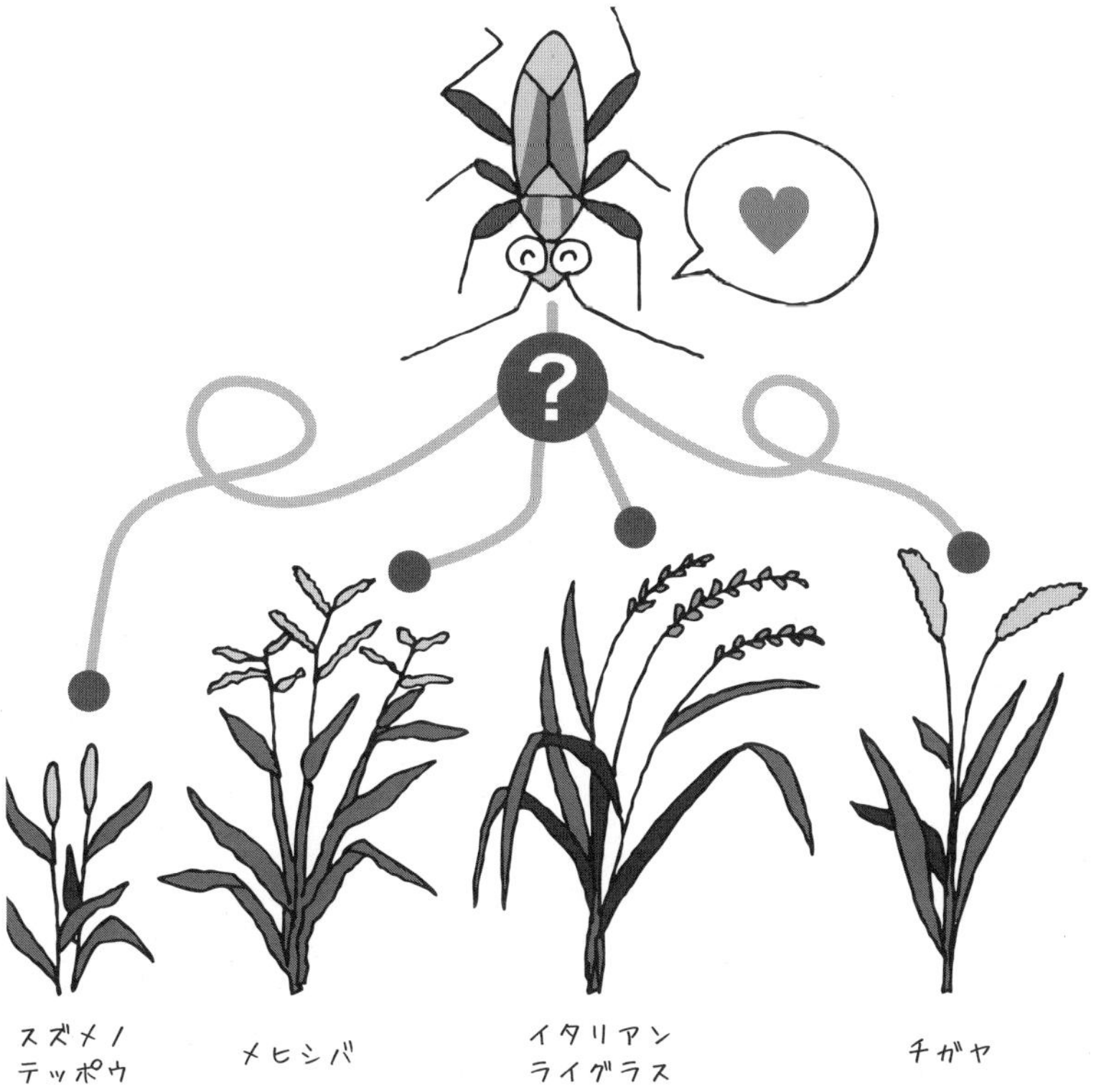

次にコムギ、イタリアンライグラスなどで増殖すると考えられています。

やがて、夏になって畦畔などにイネ科雑草が増えてくると、そこを餌とします。そして、イネが穂を出すと、田んぼの中へとやってくるのです。

この間にアカスジカスミカメは卵を産み、世代を繰り返して増殖をしながら、地域の中で広がっていきます。

しかし、実際に調べてみると、アカスジカスミカメの生活史は、一般に考えられていたこととは、少し違うことがありました。じつはこれが防除を行なううえでの重要なポイントになるのですが、それは後ほど15ページで紹介することにしましょう。

防除のポイントは？

このように、アカスジカスミカメは春から秋まで世代を繰り返し、増殖しながら最後に田んぼにやってきます。

田んぼにやってくる前に防除をするとすれば、いつのタイミングで防除をすればよいのでしょうか。

これまでは田んぼに飛び込む前の夏の畦畔や田んぼ周辺の雑草管理が重要とされてきま

これまで考えられてきたアカスジカスミカメの生活史（移動経路）

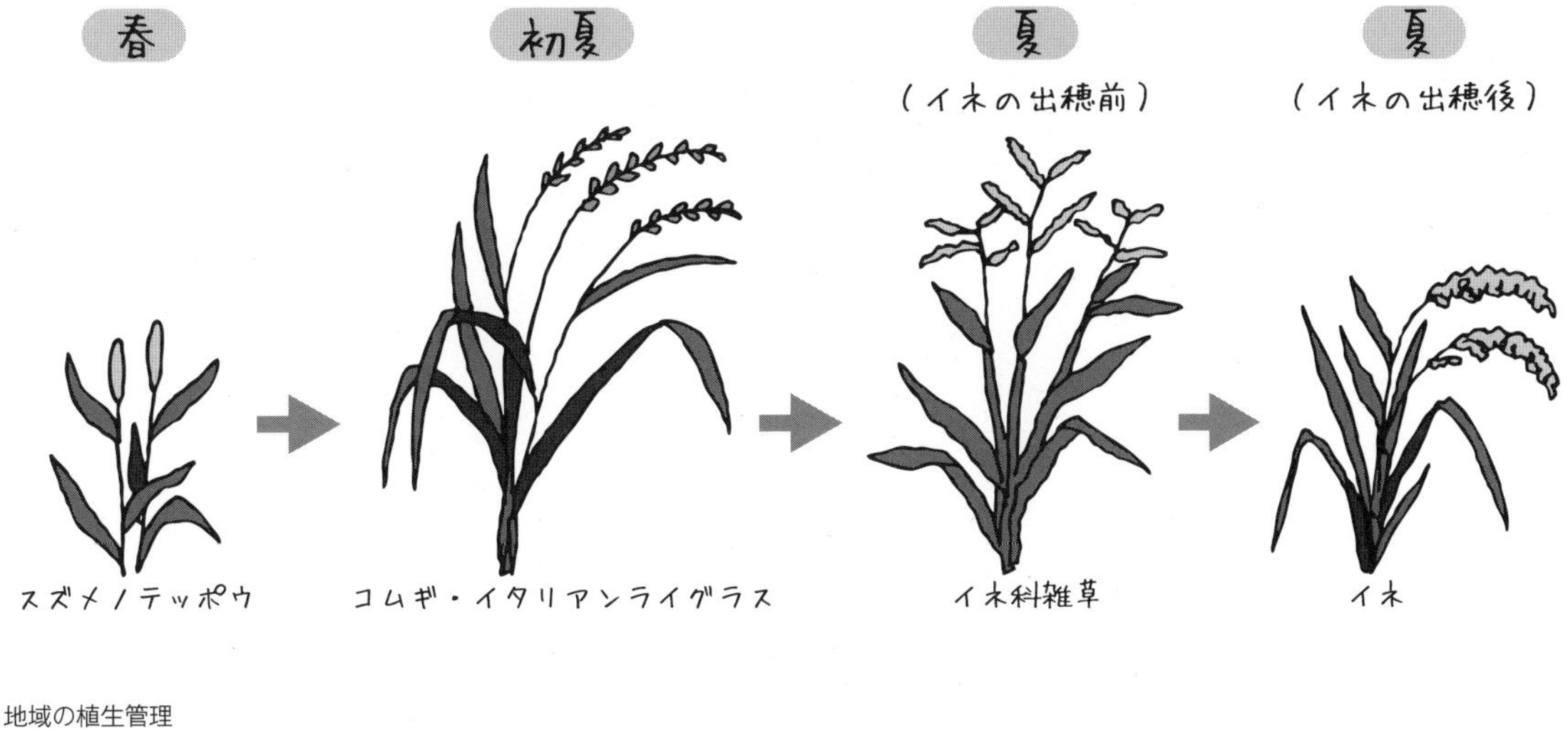

春のスタートを叩くことができれば、その後は広がることはない

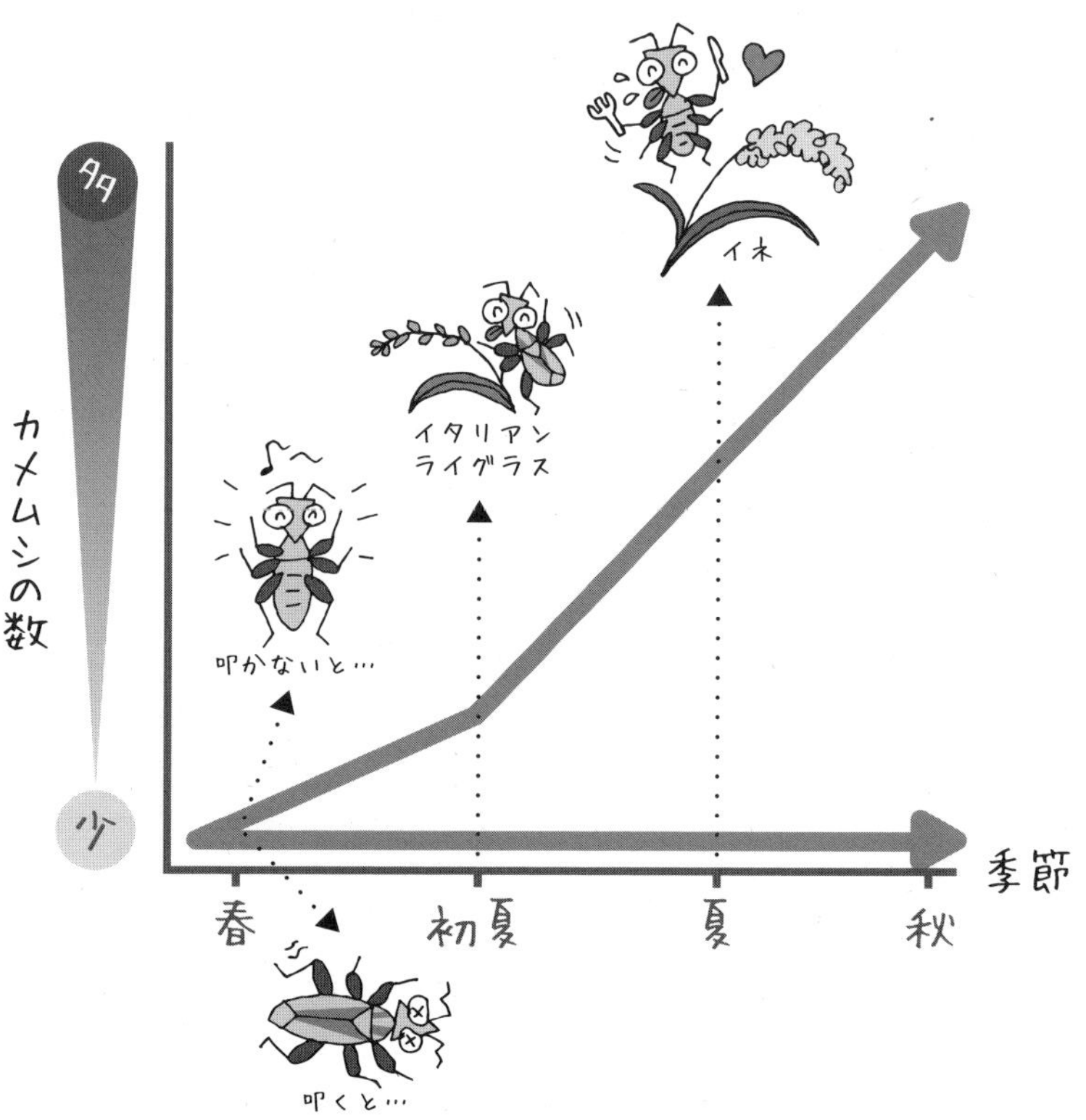

した。

夏の雑草管理は次のように指導されています。

まず、イネ科雑草が出穂してくる六月頃からイネ科雑草を防除します。特にイネの出穂の二~三週間前と、イネの出穂の一〇日前に、畦畔や田んぼのまわりのイネ科雑草を徹底的に防除します。この防除は地域全体で行なうと効果的といわれています。そしてイネが穂を出した後は畦畔の管理は行ないません。畦畔の草刈りをすると、行き場を失った斑点米カメムシがイネの穂を目がけて田んぼに侵入してくるからです。

確かに出穂前に地域全体のイネ科雑草の除草を徹底的に行なうことができれば、斑点米カメムシの防除が期待できます。

しかし、夏の雑草というのは相当に手強いものです。畦草を刈ったと思っても、すぐに伸びてきて再び穂をつけてしまいます。そして刈っても刈っても、後から後からダラダラと穂を出してくるのです。

しかも夏は、どこもかしこもイネ科雑草だらけです。畦畔だけでなく、農道の脇も、水路の土手も、ため池の法面も、イネ科雑草が蔓延しています。田んぼのまわりのすべてのイネ科雑草を防除するというのは、並大抵のことではありません。

そこで、私たちは春の季節に着目しました。春はアカスジカスミカメの生活史のスタートの季節です。スタートを叩くことができれば、その後の生活史はありません。

とはいえ、春の餌植物であるスズメノテッポウも、春の田んぼの雑草としてはもっともポピュラーなものです。本当にスズメノテッポウをすべて防除することなどできるのでしょうか?

しかし、調べてみると春の防除はそう難しくないということがわかりました。

Ⅱ　春の陣──春の餌植物を攻略せよ

1　スズメノテッポウのリスク評価

スズメノテッポウは発生源か?

アカスジカスミカメは、春先にはスズメノテッポウにいることが観察されています。

スズメノテッポウは、漢字では「雀の鉄砲」と書きます。穂がスズメが持つくらいの小さな鉄砲のようだと見たてられたのです。

別名は、「ピーピー草」といいます。スズメノテッポウの穂を抜いて、茎の部分を吹くとピーピーと音がなります。昔の子どもたちは、スズメノテッポウで草笛を作って遊びました。そのため、ピーピー草と親しまれてきたのです。

田んぼ一面を覆い尽くすスズメノテッポウは、春の風物詩です。このスズメノテッポウをすべて防除することなどできるのでしょうか?

私たちは二カ年にわたり、春のイネ科雑草を調べて、どの植物がアカスジカスミカメの最初の発生源になっているのかを調べてみました。

スズメノテッポウからは発生しない?

ところが、調べてみると田んぼの中のスズメノテッポウからは、アカスジカスミカメの発生が見られませんでした。また、コムギ畑の中に生えたスズメノテッポウからも、アカスジカスミカメは見つかりませんでした。

アカスジカスミカメは四月中旬頃から発生します。ところが、四月中旬には、まだスズメノテッポウには幼虫が見られないのです。スズメノテッポウにアカスジカスミカメが見られるのは、五月になって以降のことです。同じように春の早い時期から穂を出しているスズメノカタビラからも発生が見られませんでした。

田んぼの中に生えるスズメノテッポウやスズメノカタビラは、発生源ではなかったのです。そうだとすると、アカスジカスミカメの最初の発生源はどこになるのでしょうか?

スズメノテッポウ

スズメノカタビラ

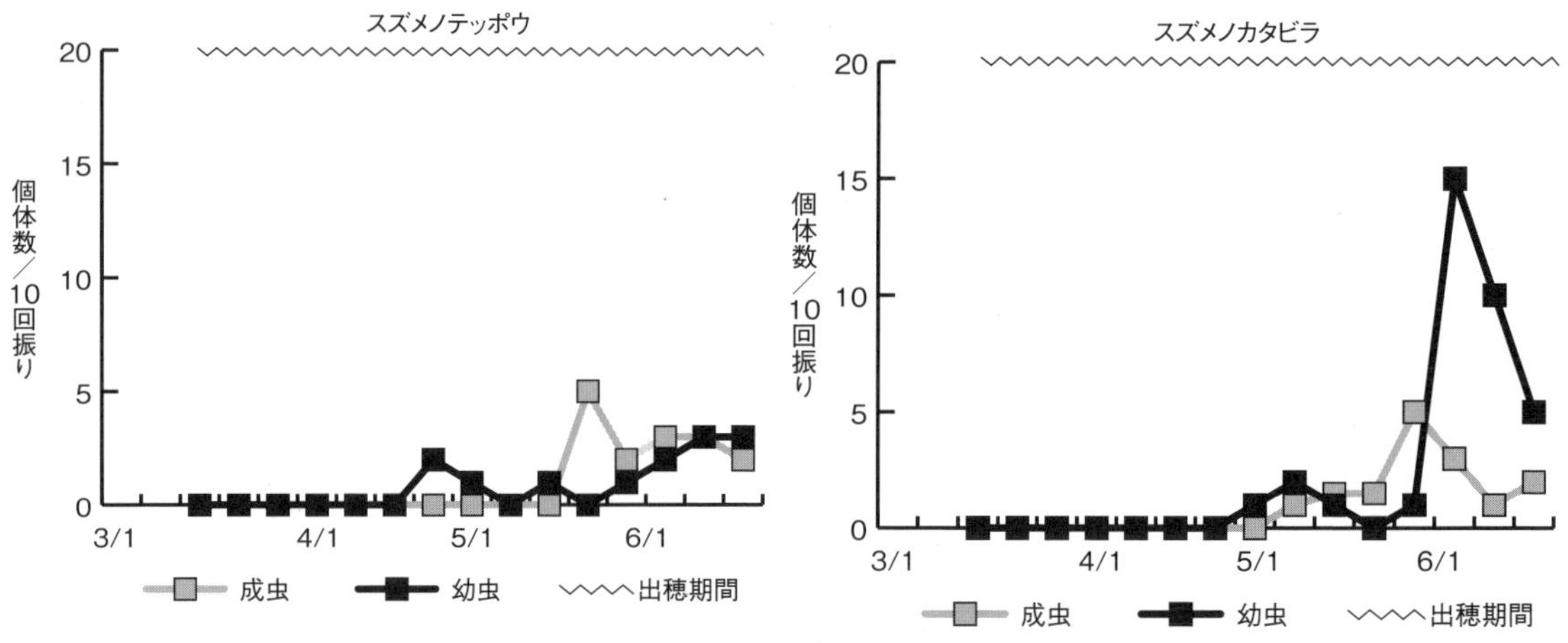

図3　スズメノテッポウとスズメノカタビラでのアカスジカスミカメの発生状況
スズメノテッポウもスズメノカタビラもアカスジカスミカメの最初の発生源ではない

2 チガヤのリスク評価

チガヤは発生源か？

春に穂をつけるイネ科雑草にチガヤがあります。チガヤは万葉集にも詠まれている由緒ある植物です。

白銀の穂を出して風に揺れているようすは、初夏の風物詩でもあります。花穂には甘味があるので、穂はツバナと呼ばれて、子どもたちのおやつにもなりました。

チガヤを植えた法面

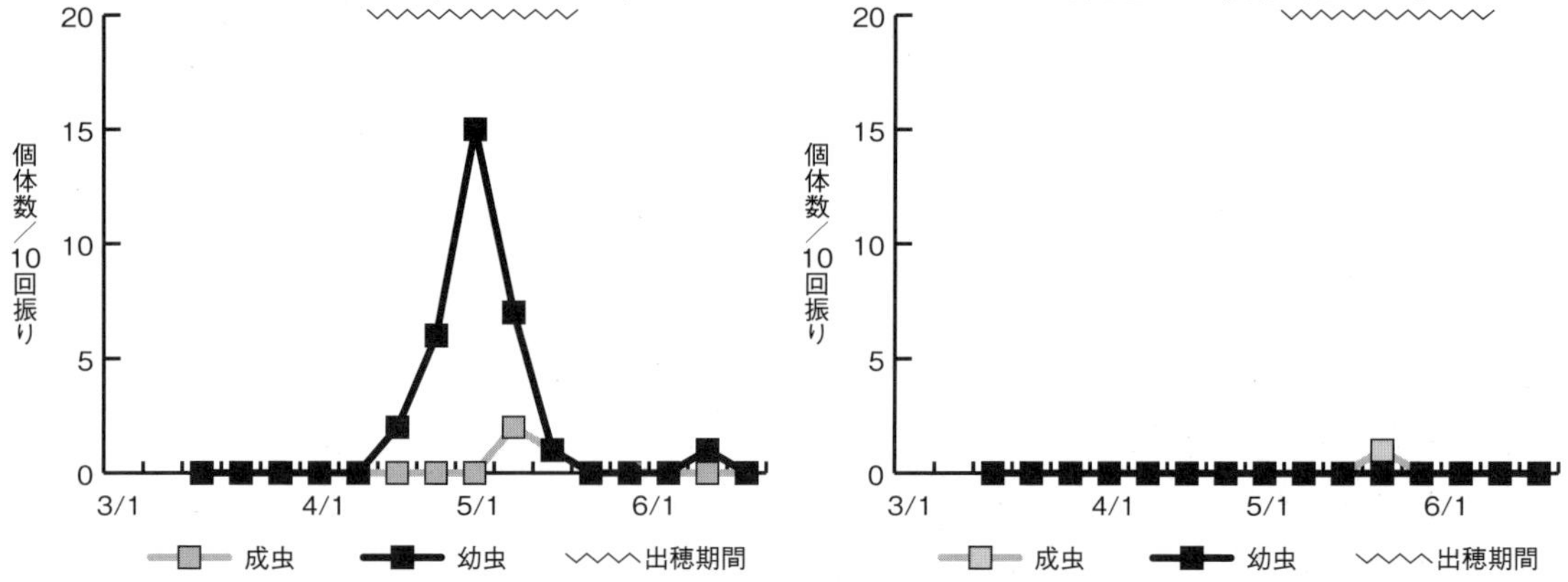

図4　出穂の早いチガヤと出穂の遅いチガヤでのアカスジカスミカメの発生状況
4月に穂を出す早生型の穂に4月中旬からアカスジカスミカメの幼虫が見られる

外来植物の導入の危険性が危惧されている最近では、在来の植物のチガヤを法面の被覆植物として利用する例も増えています。

　そのチガヤがカメムシの発生源になっているとしたら、大変なことです。

　チガヤは発生源として問題となることはないのでしょうか。

　結論からいえば、大丈夫でした。チガヤは主な発生源ではなかったのです。しかし、一部のチガヤは、発生源として問題となることがわかりました。

問題になるチガヤと問題にならないチガヤ

チガヤには、二つのタイプがあることが知られています。

　一つは五月くらいに穂を出す「普通型」と呼ばれるタイプです。これに対して四月くらいに穂を出す「早生型」と呼ばれるタイプもあります。普通型は全国に一般的に見られますが、早生型は分布が限られているといわれています。

　私たちが調査を行なった静岡県では、この両方のタイプが見られます。

　この四月に穂を出す早生型タイプのチガヤの穂では、アカスジカスミカメの発生時期である四月中旬から、幼虫が確認されました。

　もっとも静岡県でも早生型のチガヤは分布が限られており、あまり多くありません。早生型のチガヤのある場所を把握して、防除すれば、発生源を絶つことができます。チガヤは草刈りをすれば、出穂を遅らせることができます。アカスジカスミカメの発生前に草刈りをすれば、アカスジカスミカメの餌となることを防ぐことができます。

　早生型のチガヤは、湿ったところを好むため、静岡県では湿った休耕田や河原などに見られます。しかし、河原の早生型チガヤはあまり問題になりません。アカスジカスミカメの発生源として早生型チガヤが問題になるのは休耕田です。

　どうして休耕田の早生型チガヤだけが問題になるのか、その種明かしは23ページですることにしましょう。

普通型チガヤは本当に大丈夫か？

　一方、静岡県で一般的に見られる普通型チガヤでは、アカスジカスミカメの発生が見られませんでした。

　普通型チガヤの上では餓死している幼虫も観察されたほどです。

　普通型チガヤは出穂が遅いために、幼虫が卵から孵化したときには、まだ穂が出ていません。そのためアカスジカスミカメの最初の餌とならないのです。

　しかし、穂が出るのが遅いために最初の発生源にはならないとはいえ、普通型のチガヤも穂を出します。遅く出穂する「普通型」は、その後、アカスジカスミカメが増えていく過程で、本当に問題にならないのでしょうか。

　静岡県の例では、チガヤが穂を出す時期になると、イタリアンライグラスが穂を出してきます。イタリアンライグラスは、もともと牧草ですが、静岡県では緑化植物として道路

早期型チガヤ
４月に穂を出し、湿ったところを好む

法面などに吹きつけられたものが、雑草化しています。アカスジカスミカメは、チガヤではなくイタリアンライグラスのほうを餌とするのです。

飼育箱の中に、イタリアンライグラスとチガヤを並べて置いておくと、アカスジカスミカメはイタリアンライグラスを好んで食べます。

風で種子を飛ばすチガヤの子実は軽くするために、「痩果」と呼ばれるほど、とても痩せています。もしかすると、アカスジカスミカメには、あまり魅力的な餌ではないのかもしれません。

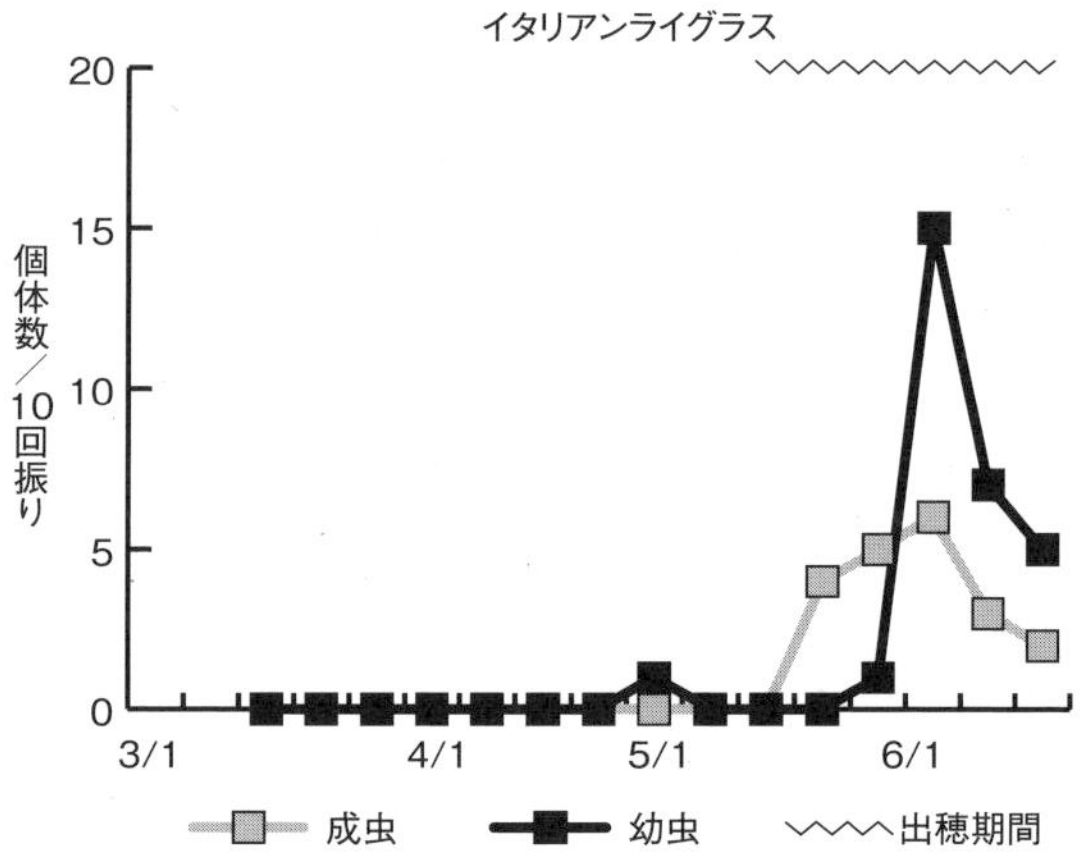

図5　イタリアンライグラスの発生状況

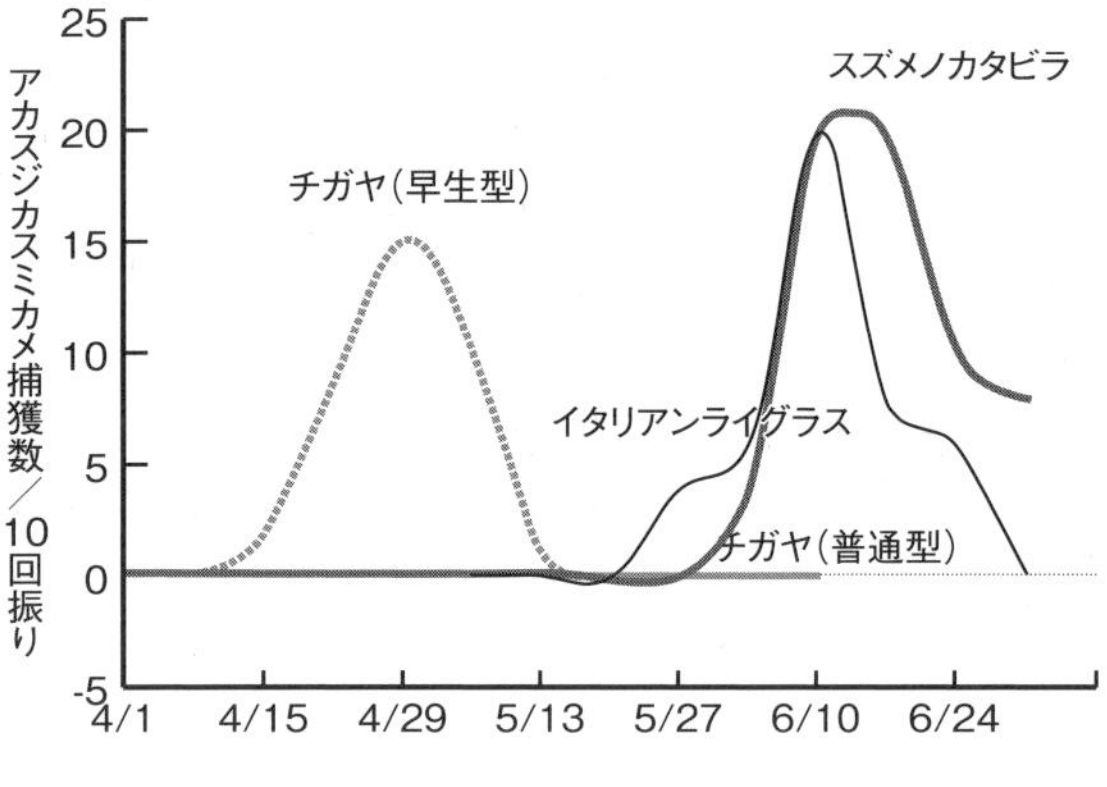

図7　イネ科雑草別のアカスジカスミカメの発生状況

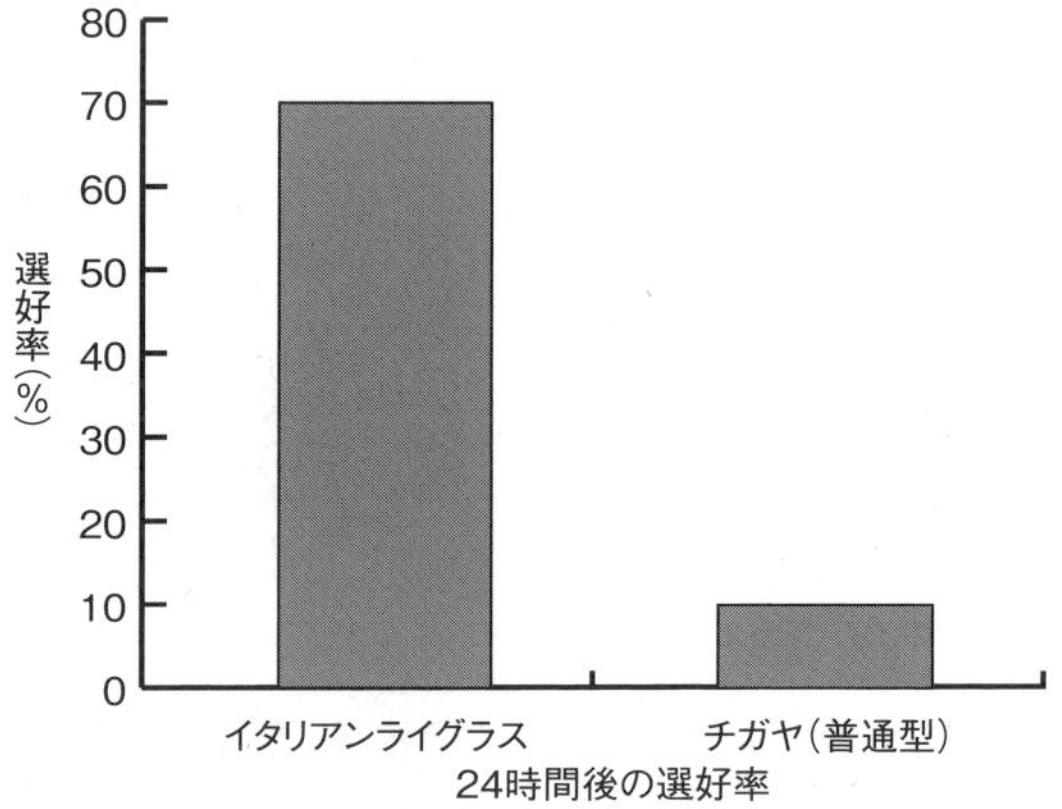

図6　チガヤとイタリアンライグラスとの選好性

アカスジカスミカメの春〜夏の発生場所

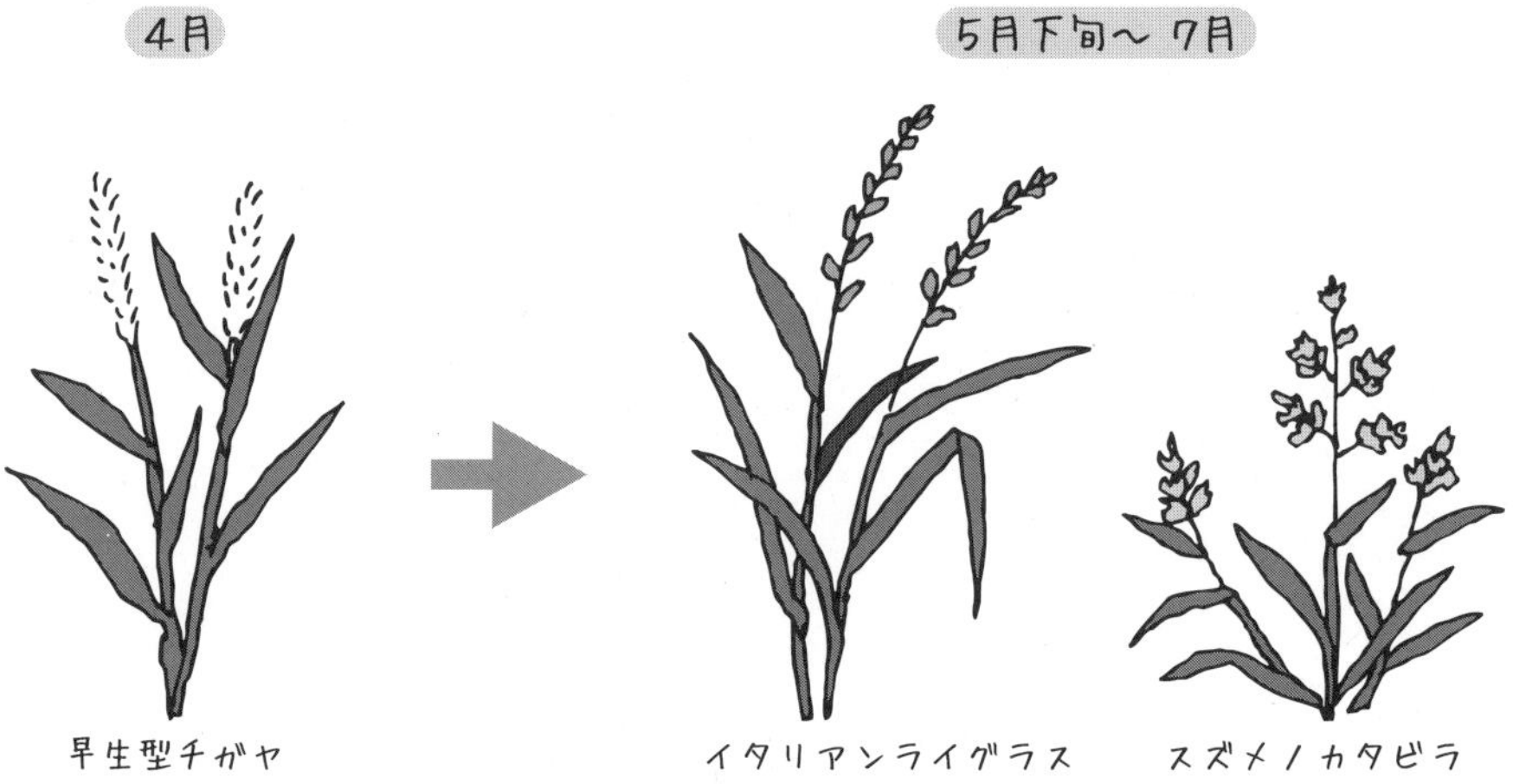

卵はどこに？

アカスジカスミカメが卵から孵化する四月の中旬に、スズメノテッポウでは幼虫の発生が見られないのに、早生型のチガヤでは幼虫の発生が見られる。このことから私たちはアカスジカスミカメがチガヤに卵を産んでいるのではないかと考えました。そして、チガヤの植物体やチガヤの周辺の土を採取して、そこからアカスジカスミカメの幼虫が生まれてくるようすを観察しようとしました。しかし、いくら調べても、アカスジカスミカメの幼虫は生まれてきませんでした。じつはアカスジカスミカメは、チガヤに卵を産んでいたわけではなかったのです。どうしてチガヤに卵を産みつけているわけではないのに、春になって最初にチガヤでアカスジカスミカメの幼虫が見つかるのでしょうか。

じつはこの謎を解くことが、春の管理の方法を読み説く鍵になるのですが、これについては後ほど説明することにしましょう。

チガヤで問題雑草を防ぐ

チガヤは、万葉集に詠まれるほど、古くから日本人に親しまれてきた植物です。

外来雑草の蔓延が問題になってきている現代では、外来の緑化植物の代わりに在来のチガヤを用いることも試みられています。確かに日本古来のチガヤは、昔からある生物多様性の保全に有効であることも知られています。

このチガヤが広がることは、斑点米カメムシの発生源として問題となる夏のイネ科雑草を防ぐ効果も見られました。

棚田の畦畔を調査すると、チガヤが少ない畦畔ほど、他のイネ科雑草が広がっている傾向にありました。

また、チガヤがしっかりと這った畦畔では、植物の種数が多かったにもかかわらず、問題となるイネ科雑草がまったく見られないという結果も得られました。

浅茅原（あさぢがはら）
つばらつばらに
物思へば
故りにし郷し
思ほゆるかも
（大伴旅人）

戯奴（わけ）がため
わが手もすまに
春の野に
抜ける茅花（つばな）そ
食（め）して肥えませ
（紀女郎）

印南野（いなみの）の
浅茅（あさぢ）押しなべ
さ寝（ぬ）る夜の
け長くしあれば
家し偲（しの）はゆ
（山部赤人）

図8　万葉集に詠まれているチガヤ（浅茅、茅花）の風景

チガヤマットの有効性

チガヤの広がった畦を作れば、アカスジカスミカメなど斑点米カメムシを防ぐことができるかもしれません。

そこで市販されているチガヤマット（エスペックミック社製）を法面に導入してみました。その結果、チガヤマットによって斑点米カメムシの発生源となるイネ科雑草を抑制することができました。ただし、チガヤマットはチガヤを活着させるために、砂が混ぜられています。その砂からイネ科雑草の発生が見られました。そのため、イネ科雑草の発生を完全に抑えるには、チガヤが完全に広がる最初の一年か二年程度は、イネ科雑草の除草をする必要がありそうです。

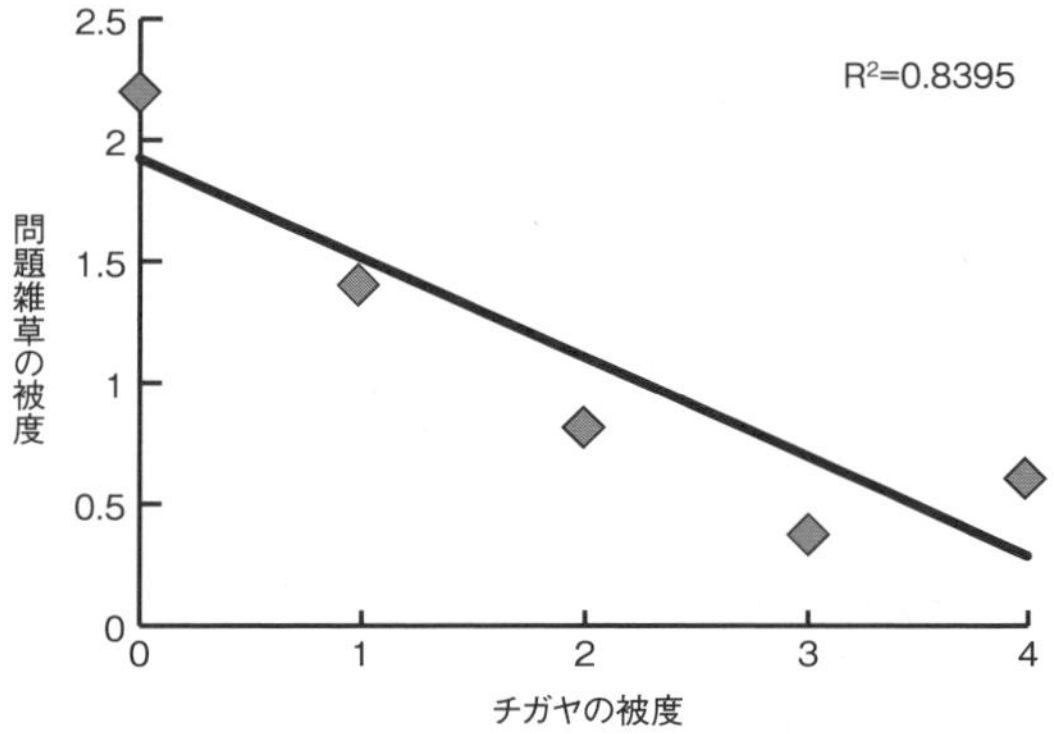

図9　チガヤの多いところは問題雑草（イネ科雑草）が少ない

チガヤが畦畔を覆うと問題雑草が減る

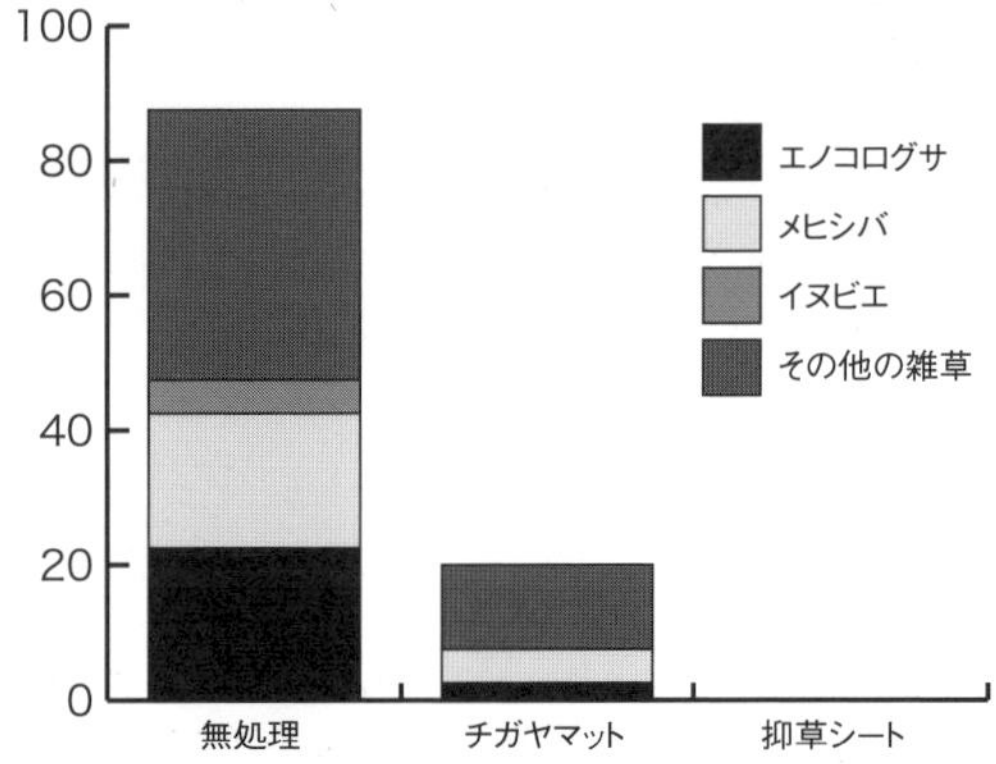

図10　チガヤを植えた畦畔は問題雑草（イネ科雑草）を抑える

チガヤマットは混ぜられた砂からイネ科雑草の発生が多少見られる

3 春の発生場所

発生場所は限られている

春のイネ科雑草はたくさんあれど、発生源となる場所は限られています。

左ページの絵は、ある集落内の水田と畦畔、休耕田、川の土手などに生えるイネ科雑草を対象に、アカスジカスミカメの秋の産卵の場所と春の発生場所を表わしたものです。

この絵を見ると、秋にはありとあらゆる場所でアカスジカスミカメは卵を産んでいることがわかります。しかし、春に調べてみるとアカスジカスミカメの発生が主に見られたところは、この集落ではわずか二カ所でした。その二カ所は休耕田とごく一部の畦畔でした。しかも、発生源は休耕田の一部に生えていた早生型のチガヤと、畦畔に生えていたセトガヤという雑草でした。早生型のチガヤも、セトガヤも、この地域ではほとんど見られない稀な存在です。このわずかな場所が発生源となっていたのです。

つまり、早生型チガヤとセトガヤというごく限られた雑草だけ探し出して防除すれば、集落内のアカスジカスミカメを劇的に減らせる可能性があるのです。

重要なのは植物の種類ではなく場所

それではスズメノテッポウは本当に問題にならないのでしょうか。

ある場所で調査をしたときに、アカスジカスミカメの幼虫の発生が見られたスズメノテッポウがありました。

今までどれだけ調べても、スズメノテッポウにはアカスジカスミカメが見られなかったのに、どうしてその場所だけ、スズメノテッポウにアカスジカスミカメの発生が見られたのでしょうか?

その場所は、畑作地帯の耕作放棄畑でした。

これまで、田んぼの中を探してみても、スズメノテッポウにはアカスジカスミカメの越

アカスジカスミカメの幼虫

アカスジカスミカメの幼虫は小さくて羽がない

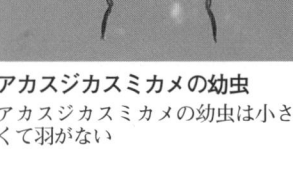

秋の産卵場所と春の発生場所

冬幼虫は見られなかったのに、どうしてその耕作放棄畑のスズメノテッポウにはアカスジカスミカメの越冬幼虫が見られたのでしょうか。

秋に生えていた雑草が問題

田んぼの中のスズメノテッポウと、耕作放棄畑に生えていたスズメノテッポウとの違い……。それは、スズメノテッポウに違いがあったわけではなく、秋に生えていた雑草の種類が問題だったのです。

耕作放棄畑に生えていたスズメノテッポウの近くには、メヒシバがたくさん生えていて、そこにはアカスジカスミカメの卵が見つかりました。

じつはチガヤやスズメノテッポウが問題なわけではありません。重要なのは植物の種類ではなく、場所です。

秋に卵を産んだ場所と同じ場所に春のイネ科雑草があることが問題なのです。

これまでアカスジカスミカメは秋にイネ科雑草の穂に卵を産むことがすでに知られていました。しかし、秋の雑草の穂は枯れて種子を落としてしまいます。春に卵から生まれたアカスジカスミカメの幼虫は、それを餌にすることができません。

羽のない小さな幼虫ですから、遠くまで移動することもできません。そこに餌となる春の雑草がなければ幼虫は死んでしまいます。アカスジカスミカメは、そんな危うい生活史を送っているのです。

羽のない幼虫は近くに餌となる雑草がないと生きられない

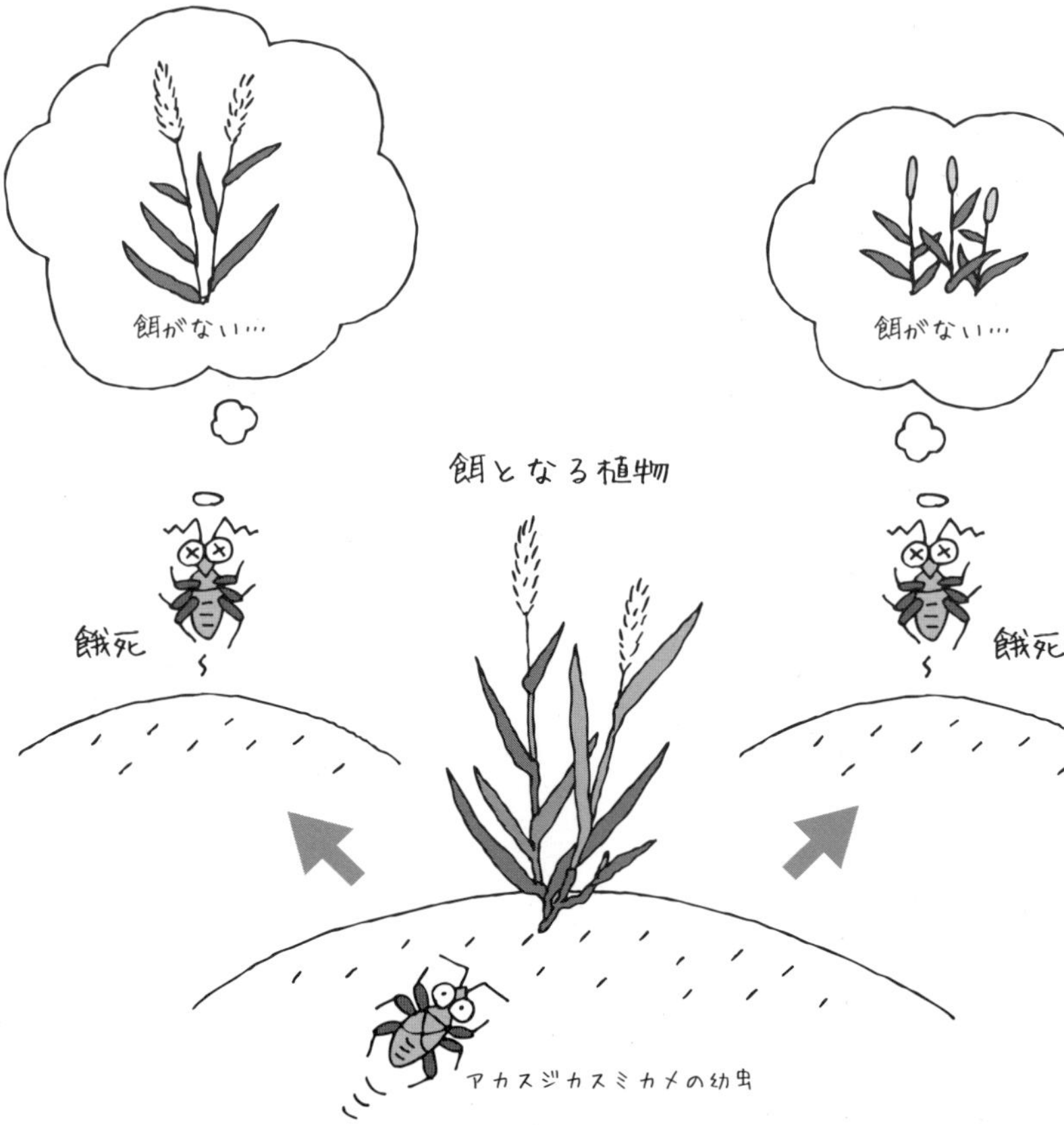

私たちを困らせる大害虫がそんな細い綱渡りのような生活史で命をつないでいるのかと、最初は信じられませんでしたが、実際に私たちの調査でも、アカスジカスミカメが卵を産んだほとんどの場所で、アカスジカスミカメの幼虫は発生することができませんでした。

もしかするとその昔、どこにでもいたアカスジカスミカメが害虫にならなかったのは、そんな生活史が影響していたのかもしれません。

逆に秋の産卵植物と春の発生源の植物が同じ場所に生えているという環境では、アカスジカスミカメは生活史をつないでいきます。ただの虫であったアカスジカスミカメが大害虫に変貌したことも、その生活史にヒントが隠されているのかもしれません。

秋に卵を産む場所

アカスジカスミカメの防除を行なううえでは、秋と春の連鎖を断ち切ることが大切なようです。

それでは、秋に卵を産む雑草にはどのようなものがあるのでしょうか。

これまでの報告では、イタリアンライグラスやイヌビエやメヒシバ、エノコログサなどさまざまなイネ科の穂に卵が産みつけられていたことが報告されています。

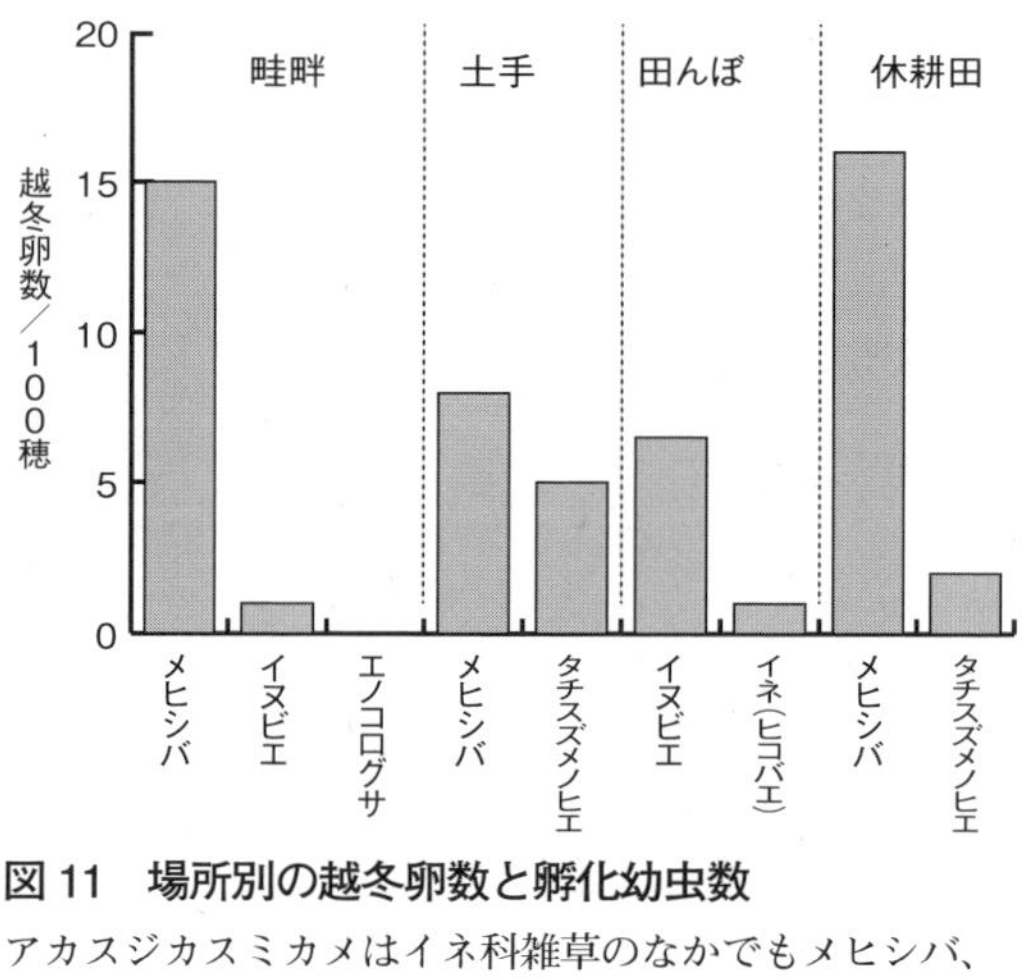

図 11　場所別の越冬卵数と孵化幼虫数

アカスジカスミカメはイネ科雑草のなかでもメヒシバ、イヌビエ、タチスズメノヒエに好んで卵を産むすでに紹介したように、私たちの研究から、アカスジカスミカメは水田や畦畔、土手の法面、休耕田などさまざまな場所で卵を産みつけていました。しかし、私たちの研究からは、何となく卵を産みやすい雑草があるようです。

アカスジカスミカメは主にイネ科雑草のなかでもメヒシバ、イメビエ、タチスズメノヒエを好んで卵を産みます。

特に田んぼの中ではイネよりもイヌビエを好みます。また、面白いことに畦畔や休耕地ではイヌビエよりもメヒシバを好むようです。

とはいえ、これらの雑草はありとあらゆる場所に生えています。なかなか完全に防除することは簡単ではありません。

アカズジカスミカメの雑草の好みは？

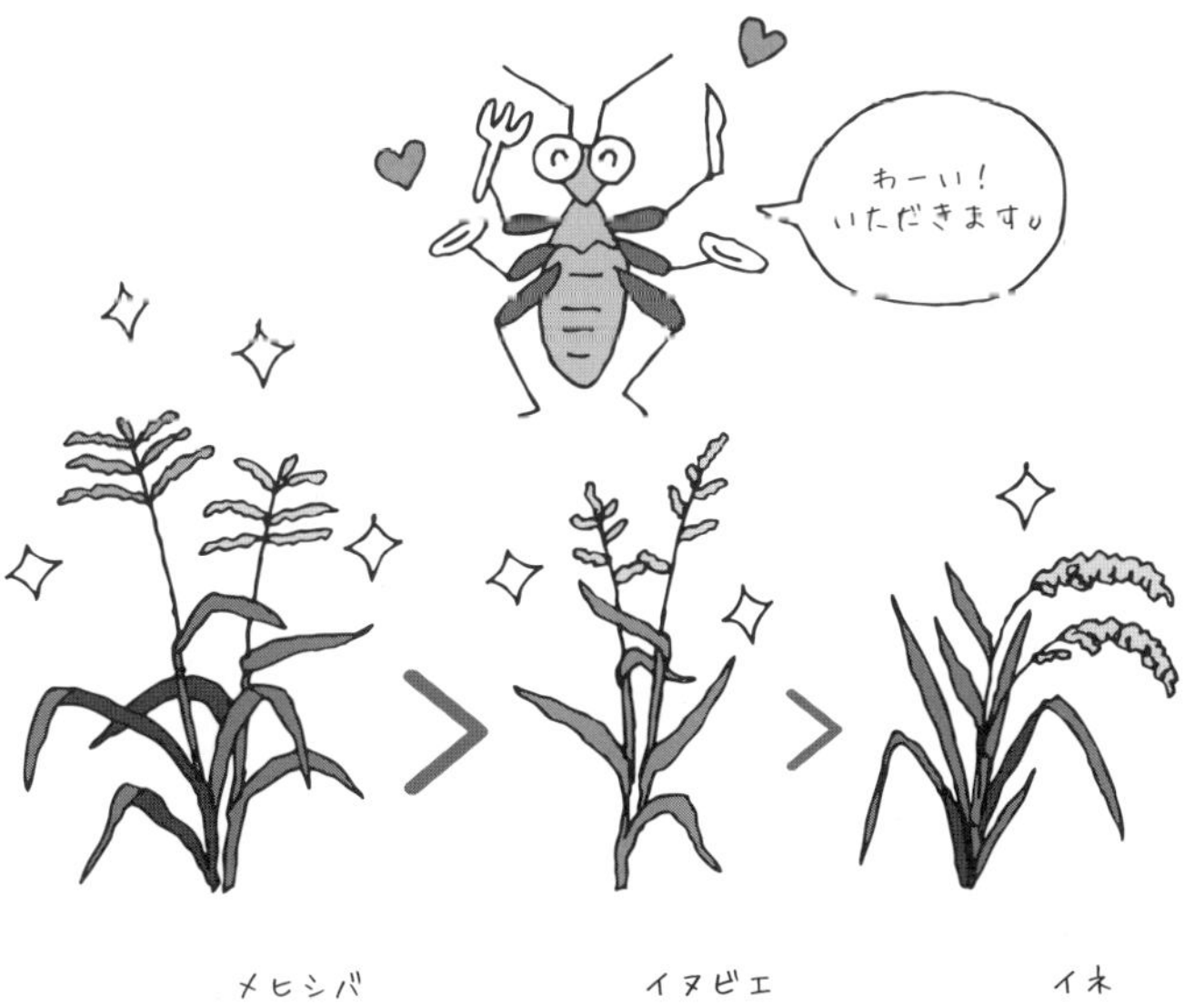

春の除草で連鎖を断ち切る

アカスジカスミカメが秋になって卵を産むのは、本田内、畦畔、休耕田、空き地、道ばた、川の土手などのイネ科雑草です。

ありとあらゆるところに卵を産むので、アカスジカスミカメの産卵を防ぐことは、不可能です。

しかし、どんなに卵が生まれても、そこに春の最初の餌植物がなければ、アカスジカスミカメは生きていくことができません。

重要なのはアカスジカスミカメの春の餌植物を探し出して、早目に防除することです。注目するのは春の餌植物です。しかも管理された田んぼの中のように、明らかに秋の卵を産む雑草がない場合は、どんなに春

秋にイネ科雑草の穂に産みつけられた卵が地面で冬を越し、近くの春作物で発生する

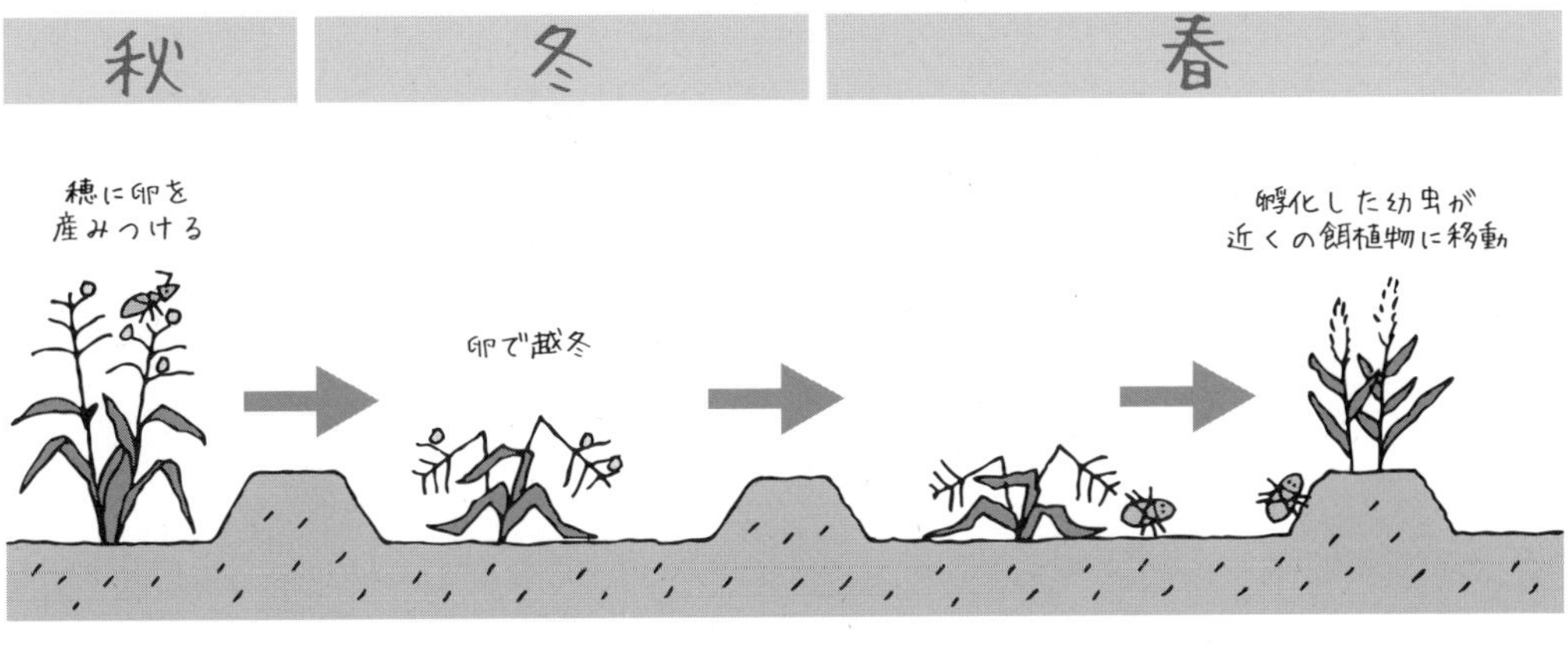

のイネ科雑草が生えていても問題になりません。

アカスジカスミカメの発生源となるのは、秋の産卵植物と春の餌植物が同所的に生えるという条件を満たした、本当にごく限られた特定の場所なのです。

その条件を満たしやすい場所が休耕田や耕作放棄地です。休耕田や耕作放棄地には、夏から秋にかけてはイネ科雑草が繁茂していることがあります。そして、春にもイネ科雑草が繁茂する場合があります。その間に耕起などは行なわれません。

春の耕起や草刈りが効果的

春にイネ科雑草が繁茂している休耕田や耕作放棄地は、そうは多くありません。そのような場所は耕起したり、除草剤を散布したり、草刈りをするなどして、一度、連鎖を断ち切ることが必要です。

耕起すれば、地表面に落ちたイネ科雑草の種子の中に産みつけられた卵は土中に埋没されます。実際に、耕起をした場所では、その後、

アカスジカスミカメの最初の発生ポイントを叩くのが効果的

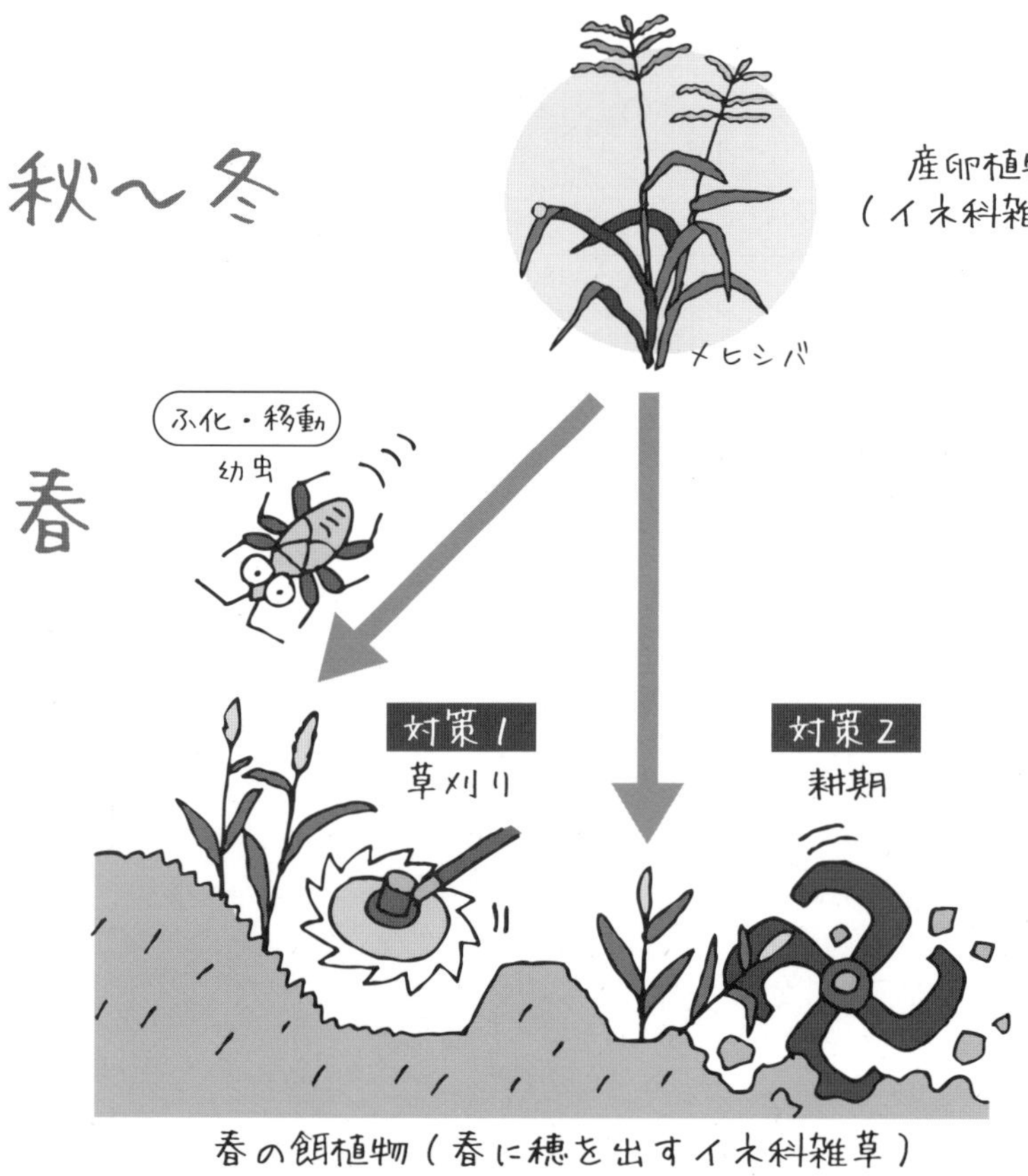

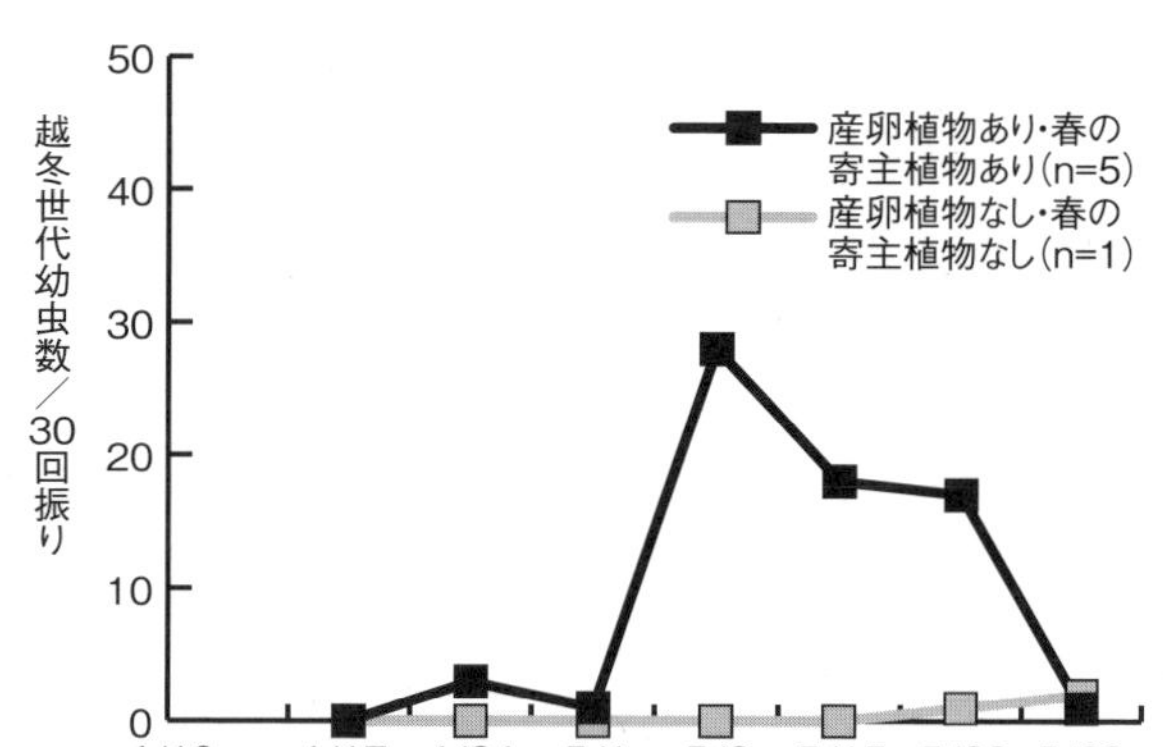

図12　休耕地・雑草地での産卵植物の有無によるアカスジカスミカメ幼虫の発生状況

秋の産卵植物と春の寄主植物が同じ場所にあれば、越冬した幼虫がたくさん集まる

スズメノテッポウが生えてきた場所でも、アカスジカスミカメの発生はまったく見られませんでした。

草刈りだけでは、イネ科雑草を完全に防除することはできません。しかし、イネ科雑草があっても穂がなければアカスジカスミカメは生きていくことができません。草刈りをすることでイネ科雑草の出穂を防いだり、出穂を遅らせたりすることができるのです。

ただし、草刈りはタイミングが重要ですので、これについては27ページで紹介することにしましょう。

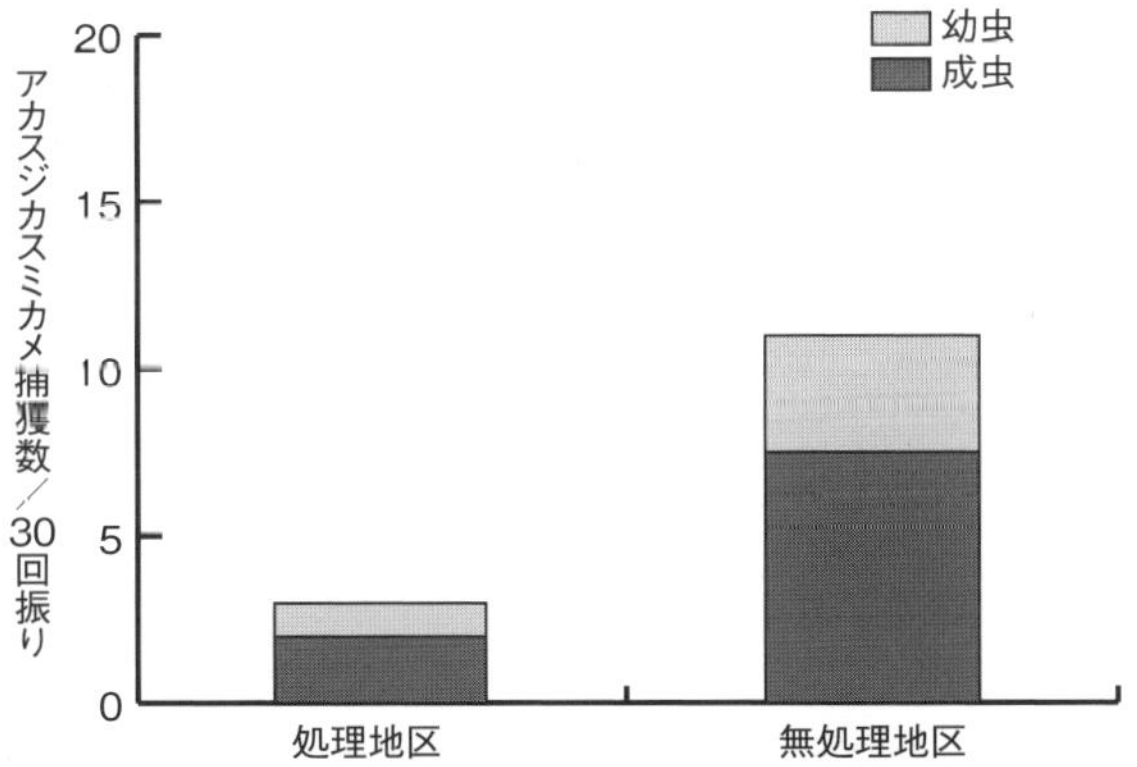

図13　処理区と無処理区のイネ出穂期の捕獲数の違い
春の発生を管理した処理地区で捕獲数が少なくなっている

わずかな管理で劇的に減少

アカスジカスミカメの発生源となる場所はごく限られています。それでは、本当にこのような場所のみを管理することによってアカスジカスミカメを減らすことができるのでしょうか。

そこで静岡県内のある地域の四つの集落で実証試験を行ないました。四つの集落のうちＡとＢの二つの集落では、春の発生源を管理します。そして、ＣとＤの二つの集落では、春の発生源の管理を行ないませんでした。さて、その結果はどうだったでしょうか。

試験の結果、春の発生源を管理したＡ集落とＢ集落では、アカスジカスミカメの被害を劇的に軽減することができました。

残念ながらゼロにすることはできませんでしたが、これは、調査を行なった試験区以外から移動してきたものがあったためかもしれません。隣接する他の集落でも同じように管理することによって、さらに効果的にアカスジカスミカメを減らすことが期待できます。

ところがその後、当初、発生源として問題になっていた場所以外からも、新たな発生場所が見つかりました。

これについては次ページで紹介します。

しかし、わずか数カ所の発生源を抑えただけで、これだけのアカスジカスミカメを抑制する効果が得られました。

それでは、さらにアカスジカスミカメの発生を抑制するために、新たに見つかったアカスジカスミカメの発生場所について紹介することにしましょう。

要注意！　意外な発生場所

アカスジカスミカメの主な発生源となるのは、特殊な環境条件です。

すでに紹介したように、私たちが調べた例では、秋にイネ科雑草が蔓延し、春に早生型チガヤやスズメノテッポウなどの春のイネ科雑草が見られる特殊な休耕田や空き地と、秋にイネ科雑草が蔓延し、春にセトガヤが見られたごく特殊な畦畔でした。

このことを再確認するために、ある水田地域のすべてのイネ科雑草で、アカスジカスミカメの越冬幼虫の発生数を悉皆調査しました。予測では、わずか数カ所のみが発生地域となっているはずです。ところが、結果は違いました。確かに主要な発生源は、その数カ所だったのですが、発生量は少ないものの、たくさんの地点でアカスジカスミカメの越冬幼虫の発生

水田の際の畦畔と隣接する部分
本田と畦畔の境界部に残るスズメノテッポウ

が見られたのです。そこは、これまでの調査で盲点となっていた場所でした。

盲点だった発生源

　田んぼの中には春の餌となるスズメノテッポウが群生しています。しかし、田んぼを雑草まみれにしていない限りは、秋には田んぼの中にアカスジカスミカメが卵を産むような雑草はあまりありません。そして24ページで明らかにしたように、もし、田んぼの中の雑草に産卵されたとしても田んぼを耕起するので、秋に産みつけられた卵はすき込まれて死滅してしまいます。

　そのため、田んぼの中はアカスジカスミカメの発生源とならなかったのです。

　一方、畦畔は、秋には卵を産みつけるイネ科雑草がたくさん生えています。しかし、春に幼虫の餌となるイネ科雑草はほとんど見られません。そのため、畦畔もまたアカスジカスミカメの発生源とはなりません。

　しかし、悉皆調査の結果、アカスジカスミカメが見られたのは、この本田と畦畔の隙間場所でした。つまり本田の際に生えるスズメノテッポウだったのです。

　秋に畦畔のイネ科雑草に産みつけられたアカスジカスミカメの卵は春になると孵って幼虫になります。しかし、畦畔には幼虫の餌になるようなイネ科雑草はあまりありません。また、田んぼの中まで移動することもできません。

　しかし田んぼの際の畦畔と隣接した部分にスズメノテッポウが生えていることがあります。そここそが、秋の産卵植物と春の餌植物が接している場所です。そのため、そこでアカスジカスミカメは生活史をつなぐことができるのです。

　特に田んぼの中を耕起していても、田んぼの際はトラクターを旋回させるために耕起がなされていないことがあります。また、トラクターの轍に水がたまって湿りやすい環境にあります。そのため、田んぼの際だけにスズメノテッポウが生えていることも少なくあり

畦畔のイネ科雑草に産み付けられた卵が孵化して、田んぼの際のスズメノテッポウに幼虫が移動する

ません。しかし、そのようなスズメノテッポウが発生源として問題となるのです。

そのような田んぼの際のスズメノテッポウを防除することによって、アカスジカスミカメの発生はさらに抑えることができるようになるでしょう。

春の草刈りはタイミングが重要

スズメノテッポウを対象にした防除は行なわれていませんが、現状でも畦際のスズメノテッポウは春の畦畔の草刈りや畦塗りによって、防除されています。

そこでこれらの管理が、アカスジカスミカメの発生に及ぼす影響について調査をしました。

その結果、越冬世代幼虫が卵から孵化する四月下旬よりも前に草刈りをしている畦畔では、アカスジカスミカメの発生が見られませんでした。

また、幼虫が孵化してしまった場合でも、

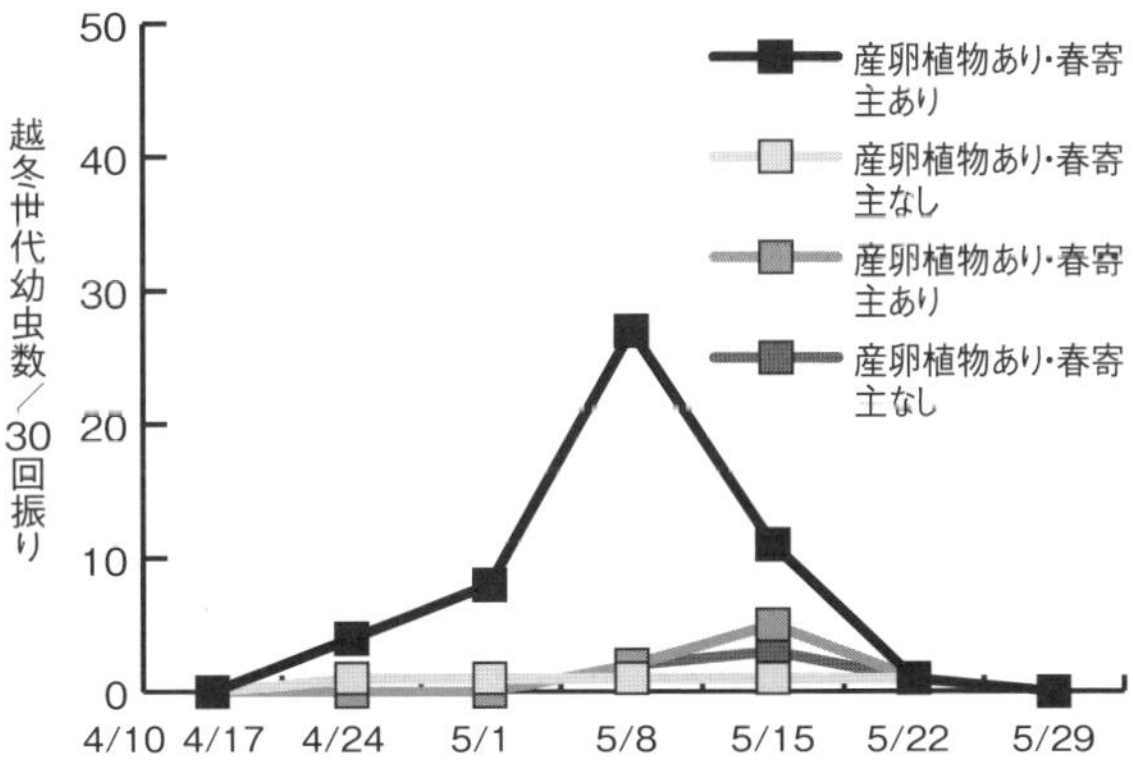

図14　本田と畦畔の境界部の越冬幼虫数
本田と畦畔の境界部にある春の寄主植物が越冬した幼虫を増やしている

成虫が飛んで移動するよりも早く、イネ科雑草を刈ることで、幼虫を退治できる

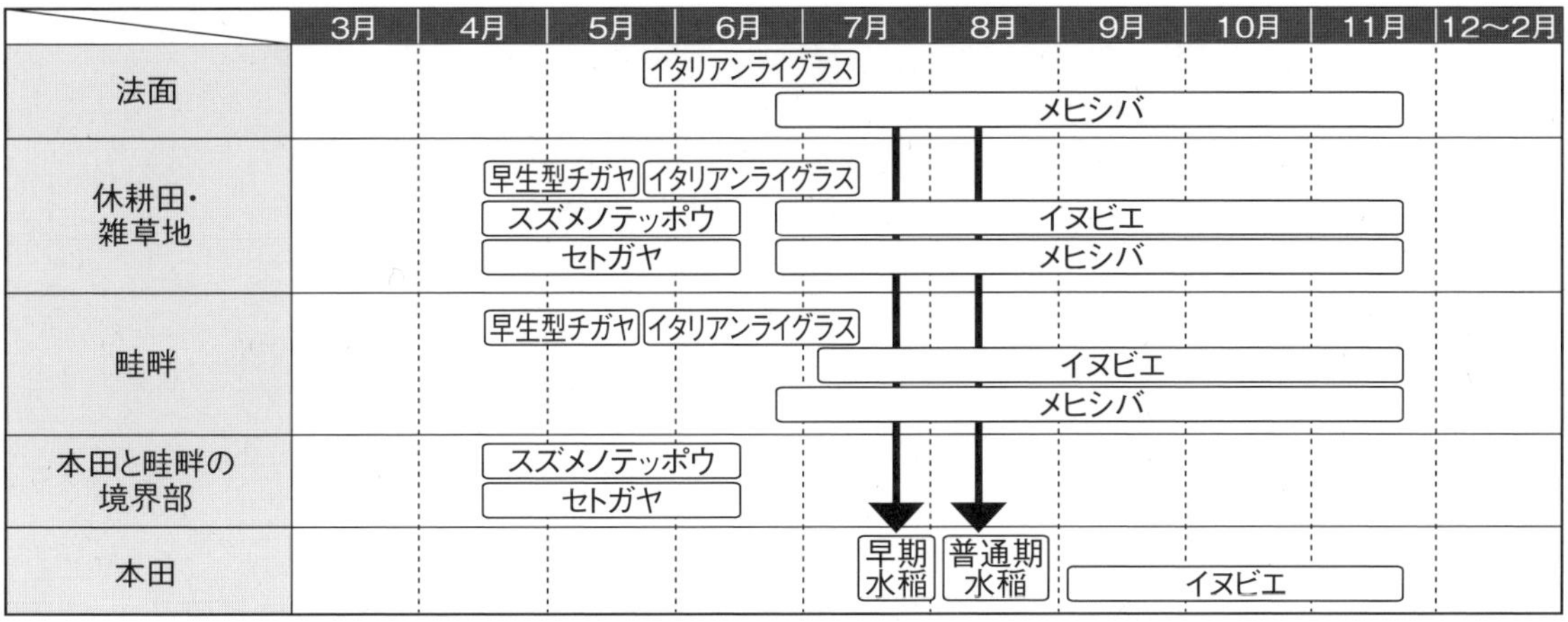

図15　アカスジカスミカメの寄主植物・産卵植物（静岡県の例）

幼虫は羽がないので遠くへ移動することができません。そのため幼虫が孵化しても、幼虫が成虫になる五月上旬までに草刈りをしていれば、アカスジカスミカメの成虫の発生を防ぐことができました。

もっとも、アカスジカスミカメが成虫になる時期は年によって前後します。

そのため、大事をとって草刈りはアカスジカスミカメの幼虫が出現する四月までに行なうことが重要だと考えられます。

ただし、あまりに早く草刈りをしすぎると、スズメノテッポウなどは再び穂を出してしまいます。そのため、アカスジカスミカメの発生まで十分に引きつけて、四月に一度、草刈りをするのが有効ではないでしょうか。

アカスジカスミカメの春の防除のポイント

ポイントを整理してみましょう。

アカスジカスミカメは、秋にはさまざまなイネ科雑草に卵を産みます。しかし、そのなかから春の発生場所が見られる場所はわずかです。

つまり、秋の産卵場所に、春の幼虫の餌となる植物がないとアカスジカスミカメは世代をつなぐことができないのです。しかも、冬

アカスジカスミカメ防除のポイント

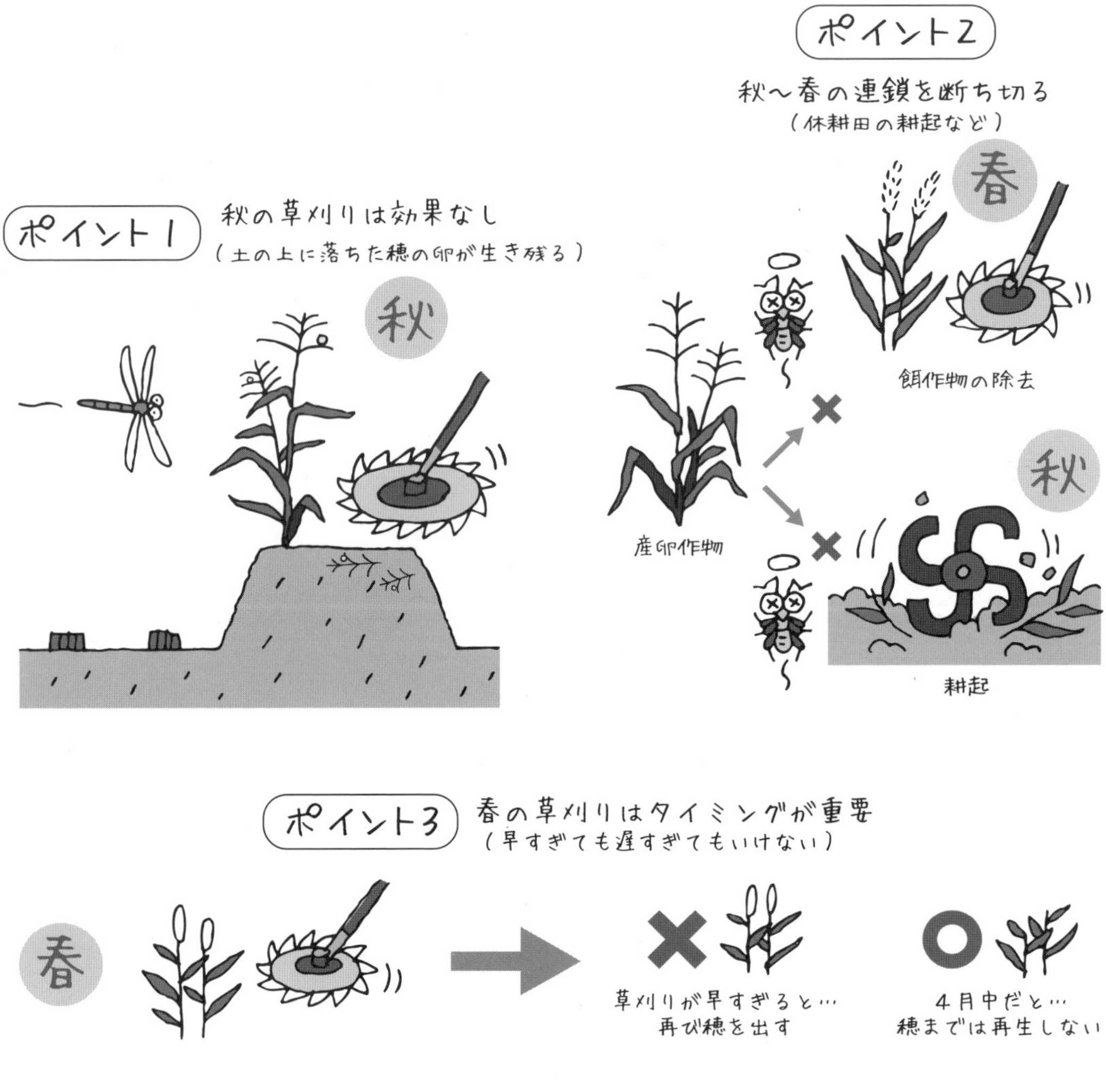

の間、アカスジカスミカメの卵はイネ科雑草の種子といっしょに土の上にあります。草刈りや除草剤で雑草を刈らせても、土の上の卵は死滅しませんが、耕起などの作業が行なわれれば、卵は死滅してしまいます。

アカスジカスミカメ発生のケース

それでは次のような場合はアカスジカスミカメの発生が問題になるでしょうか。考えてみましょう。

ケース1

転作して大豆を栽培していたが、メヒシバなどイネ科の畑雑草が蔓延してしまった。その後、耕起をせずに放っておいたら、春にはスズメノテッポウがたくさん生えてきた。

回答　発生源となる

データはありませんが、このようなケースでは発生源として問題となる可能性があります。メヒシバに産みつけられた卵は、メヒシバの穂といっしょに地面の上に落ちています。発生させない対策としては、一度、耕起をすることでアカスジカスミカメの卵は土中に埋没します。耕起後、スズメノテッポウが生えてきたとしても、卵はありませんので、発生源として問題になることはありません。

ケース2

耕作放棄地でイネ科雑草のイヌビエが蔓延していた。イヌビエが枯れるのを待って草刈りをした。刈ったイヌビエはほ場の外に持ち出したが、イヌビエの種子は地面にかなり落ちてしまった。その後、耕起をすると、スズメノテッポウがたくさん生えてきた。

回答　発生源とならない

アカスジカスミカメの卵はイヌビエの種子に産みつけられています。しかし、耕起することによって土中にすき込まれるので、アカスジカスミカメの卵は死滅します。そのため発生源とはなりません。

ただし、刈り取ったイヌビエを畦畔に放置していたとすると、そちらのほうが問題になるかもしれません。

Ⅲ　夏の陣——本丸（本田）防衛のために先手を打つ

1　イタリアンライグラスのリスク評価

生存のボトルネック期間を支えるイタリアンライグラス

春のイネ科雑草には、さまざまな種類があります。また、夏のイネ科雑草にも、さまざまな種類があります。

しかし、春のイネ科雑草と夏のイネ科雑草をつなぐ初夏の季節には、静岡県の例ではかなりの部分をイタリアンライグラスという、たった一種類の雑草に依存していました。

つまり、イタリアンライグラスは、アカスジカスミカメが夏場に向けて生存をつないでいくうえで、そのボトルネックになっている期間を唯一支える役割をしていたのです。

ボトルネックというのは、砂時計でたとえると細くなったくびれの部分をいいます。

春の雑草はたくさんの種類があります。夏の雑草もたくさんの種類があります。しかし、初夏の餌植物はイタリアンライグラスだけですから、アカスジカスミカメの生活史は、この部分だけ、かなり限られた細い道を通っていることになります。

そのため、イタリアンライグラスを防除することができれば、アカスジカスミカメの生活史を断ち切ることができるのです。

イタリアンライグラスというのは、もともとは牧草の名前です。ところが、このイタリアンライグラスは、生長が早いことから道路の法面の緑化資材としても一般に使われています。この緑化資材のイタリアンライグラスが広く雑草化しているのです。イタリアンライグラスは、雑草名ではネズミムギと呼ばれています。

しかし、アカスジカスミカメの防除が大切といっても、イタリアンライグラスは現在でも牧草として栽培されていますので、牧草は防除するわけにはいきません。また静岡県の例では、イタリアンライグラスは農道の法面の吹き付け資材として用いられていたため、そこから広がってかなり蔓延しています。そのため、イタリアンライグラスさえ防除すれば、といっても実際には難しいことが多いでしょう。

しかし、イタリアンライグラスの雑草化があまり広がっていない地域では、イタリアンライグラスは要注意雑草です。

アカスジカスミカメ防除の点では、あまり

イタリアンライグラス

広がらないように防除することが必要でしょう。

斑点米カメムシが好まない イタリアンライグラスの系統

じつは野外には、斑点米カメムシが好まないイタリアンライグラスが自生していることが知られています。

それは、エンドファイトと呼ばれる共生菌が感染しているイタリアンライグラスです。

エンドファイトはイタリアンライグラスに感染すると、自分の棲みかとなった植物を守るために、その植物を強くする働きがあることがあります。そのため、エンドファイトに感染した植物は、病害虫に強くなったり、乾燥などに強くなったりするのです。

ある種のエンドファイトに感染したイタリアンライグラスは、ロリンという物質を生産します。このロリンが、斑点米カメムシを忌避させる働きがあるのです。

これまでアカヒゲホソミドリカスミカメなどいくつかの斑点米カメムシで、エンドファイトに感染したイタリアンライグラスを忌避することが知られています。

同じような効果はアカスジカスミカメにも

初夏のイタリアンライグラスがアカスジカスミカメの生存にとって、ボトルネックの役割を果たしている

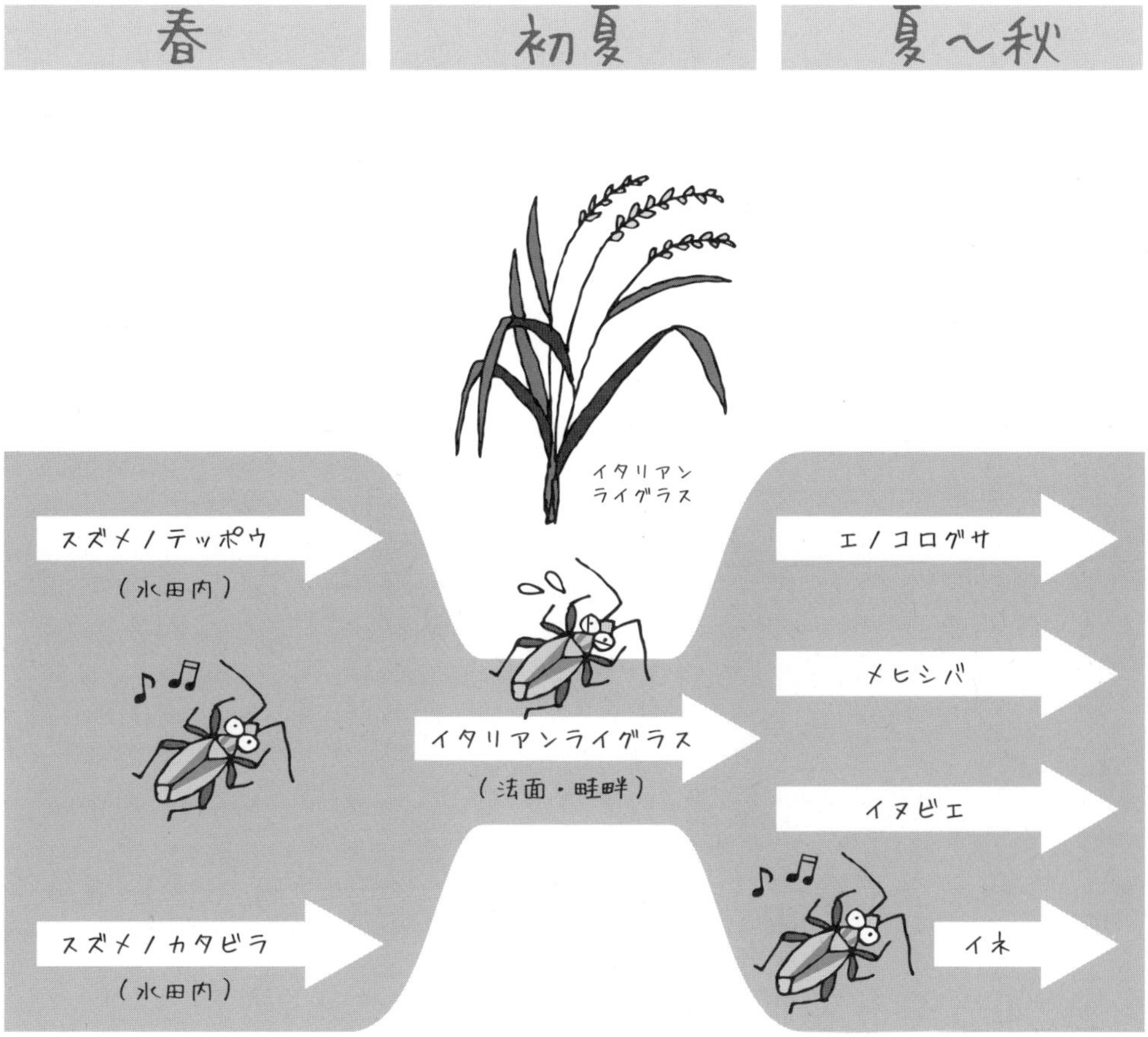

エンドファイトに感染したイタリアンライグラスは斑点米カメムシを忌避させる

見られるのでしょうか。

アカスジカスミカメには効果はない？

残念ながら、結果は予想に反するものでした。期待に反してアカスジカスミカメは、エンドファイトに感染したイタリアンライグラスを忌避しなかったのです。ふつうのイタリアンライグラスと同じように、感染したイタリアンライグラスでもたくさんのアカスジカスミカメが観察されました。

さらには、穂をとってきて観察してみると、卵からの孵化率もあまり差がありませんでした。つまり、感染した穂に産みつけられた卵も正常に孵化することができたのです。

アカスジカスミカメに対するエンドファイトの思わぬ効果

ところが、思わぬ結果が出ました。感染したイタリアンライグラスの穂で孵化をしたアカスジカスミカメの幼虫は、生存率が下がったのです。

これは予期せぬ朗報でした。

感染したイタリアンライグラスをアカスジカスミカメが忌避したとしても、それは、どこか別の餌を求めて飛んでいくだけのことです。

しかし、アカスジカスミカメは忌避することなく感染したイタリアンライグラスに卵を産みつけます。そして、卵から孵った幼虫は食べて死ぬのか、食べずに絶食死するのかはわかりませんが、死滅してしまうのです。

新しいイタリアンライグラス系統

もし、そうであれば、人為的にイタリアンライグラスにエンドファイトを感染させることはできないでしょうか。

現在、畜産草地研究所では、エンドファイトの感染したイタリアンライグラスの品種を育成中です。エンドファイトは種子にも感染するので、その種子から育てたイタリアンライグラスは、エンドファイト感染の株となります。もちろん、ロリンは家畜や人間に対して毒性はありませんので、斑点米カメムシの餌とならない牧草として期待されています。

現在、品種育成は研究段階にありますが、この新しい品種を栽培することによってアカスジカスミカメに卵を産ませて、数を減らすことができます。牧草として栽培することはもちろん、牧草として栽培しなくても、休耕田を活用して新系統を栽培すれば、アカスジカスミカメを減少させる罠を仕掛けることができるのです。

これについては、実証試験はまだ終わっておらず、研究段階にあります。今後の研究の進展が期待されます。

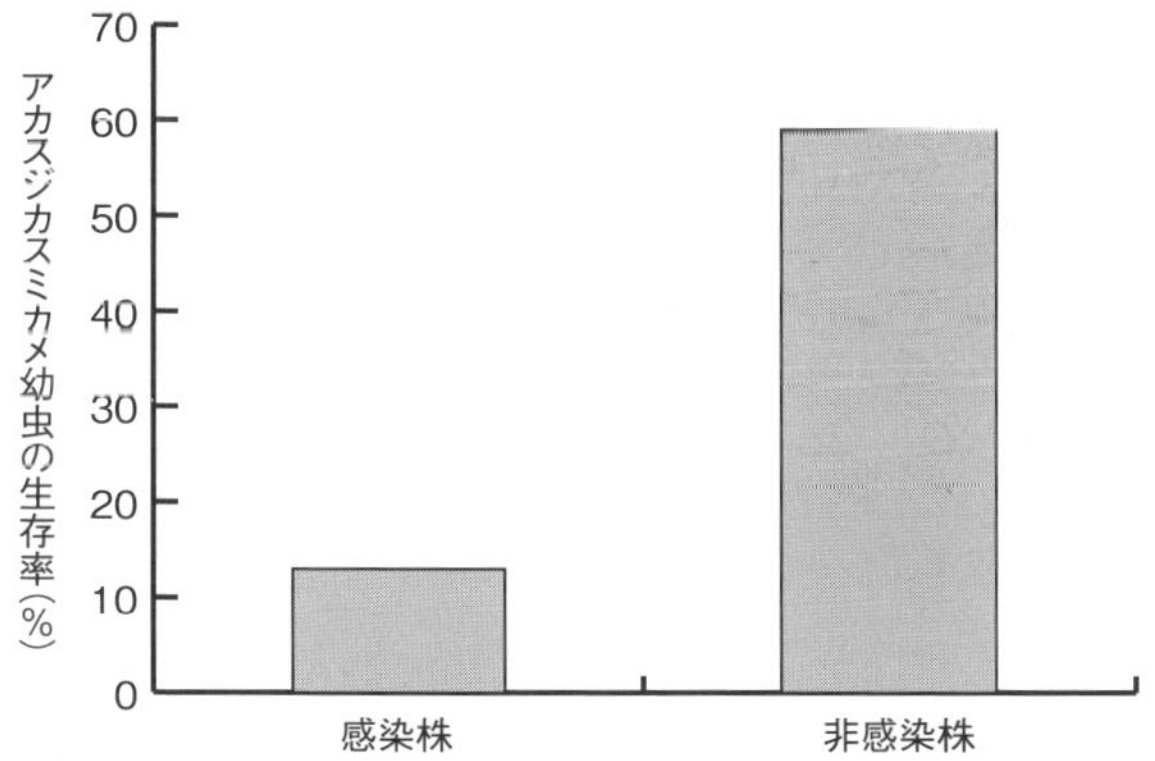

図16　エンドファイト感染株と非感染株のアカスジカスミカメの生存率

2　発生しやすい場所

アカスジカスミカメが発生しやすい地域

私たちのチームの一人は、それまで静岡県病害虫防除所で静岡県内の斑点米カメムシの発生を調査していたメンバーでした。

彼は、長年の調査から、斑点米カメムシが発生しやすい地域は、長年、ある程度決まっていることを経験的に感じていました。

どうやら、斑点米カメムシは発生しやすい場所と、発生しにくい場所とがあるようです。

それでは、どのような地域が斑点米カメムシの被害を受けやすいのでしょうか。

そこで静岡県病害虫防除所の静岡県内五〇カ所の調査地の過去六年間のアカスジカスミカメを含む斑点米カメムシ発生頻度の調査結果と、その地域の環境条件との関係を解析しました。

解析に用いた環境条件は、標高や水のたまりやすさ、日照時間などの地形的条件、気温や降水量などの気象条件、半径三〇〇メートル以内の田んぼや森林などの土地利用の面積と、田んぼ周辺の植生などです。

その結果、アカスジカスミカメについては、じつにシンプルな結果が得られました。

この式は、環境要因からアカスジカスミカメの発生を導き出す予測式です。

アカスジカスミカメの発生頻度を導き出す予測式

0.0220 − 0.5163 ×宅地率（300m 圏内）− 1.1535 ×林率（300 m圏内）＋ 0.0508 ×湿潤度

R2=0.31（$p < 0.001$）面積は半径 300m の範囲

この式に用いられる要素は、アカスジカスミカメの発生量に影響を与えているということになります。数字がプラスのものは、アカスジカスミカメを増加させる要因であり、数字がマイナスのものは、アカスジカスミカメを減少させる要因であることを表わしています。

また、各要素に掛け合わせる数字が大きいほど、この計算式の答えに大きな影響を与えることになります。

この式の結果、家などが少なく、森も少なく、水がたまりやすい地形のところほど、アカスジカスミカメが発生しやすいという結果が得られました。

つまり、アカスジカスミカ

メは、里山に隣接した地域や、住宅が多い混住化地域では発生が少なく、田んぼがまとまってある平野部の穀倉地帯ほど発生しやすいという傾向が出たのです。

アカスジカスミカメは田んぼのまわりで暮らしている

このように、シンプルな式によって、アカスジカスミカメの発生数が予測できることが明らかになったため、この結果を元に、静岡県下のすべての水田についてアカスジカスミカメの発生リスクを地図にすることができました（カラー口絵 *i* ページ参照）。この地図で赤が濃い地域が、アカスジカスミカメの発生しやすい場所です。

これは斑点米カメムシのリスクを示すハザードマップであると同時に、斑点米カメムシについていえば、防除しやすい環境保全型農業のポテンシャルマップであると見ることもできます。

詳細は省略しますが、同じ方法で静岡県ではアカスジカスミカメに次いで問題になるクモヘリカメムシやアカヒゲミドリカスミカメについても解析を行ないました。

クモヘリカメムシはモデルの精度は低かっ

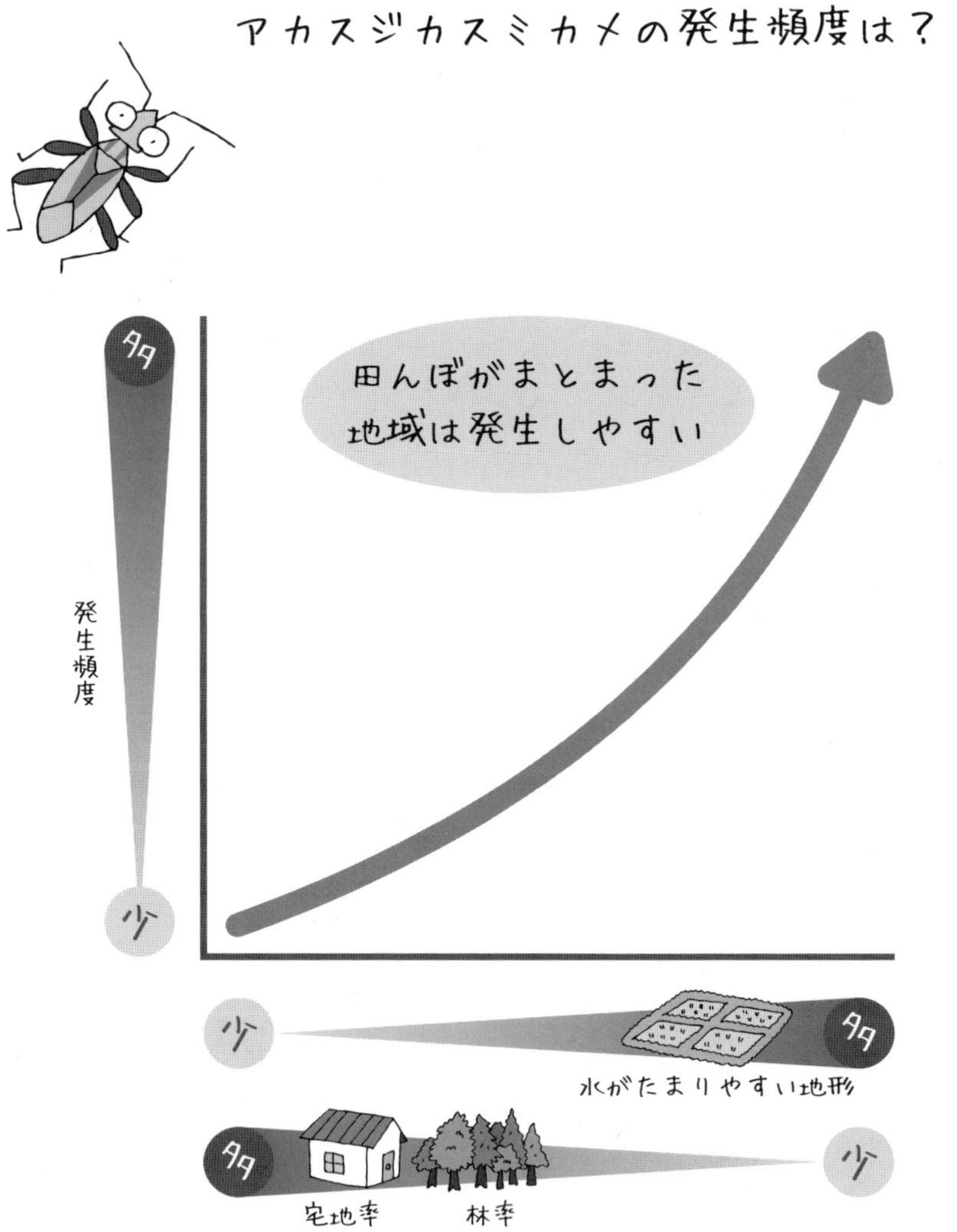

宅地率と林率が上がれば、発生は少なくなり、湿度が上がれば発生は増える（家が少なく、森も少なく、水がたまりやすい地形のところほど、アカスジカスミカメが発生しやすい）

たのですが、水がたまりにくい地形で林が多い場所ほど発生しやすい傾向にあり、山に近い傾斜地の水田ほど発生しやすい傾向にありました。

また、アカヒゲホソミドリカスミカメは傾斜の少ない平坦地、つまり水田地帯で多い傾向にありました。

耕作放棄地は大きな要因である

33ページの解析では、地域の中の耕作放棄地の面積は斑点米カメムシの発生量を決める重要な要素とはなりませんでした。

ところが、耕作放棄地といっても、環境条件は一様ではありませんし、生えている植物もさまざまです。

そこで五一地点の周辺の耕作放棄地について、実際にどのような植物が生えているか調査を行ない、周辺の植生との関係を調査しました。

その結果、導き出された結果が次ページに示した計算式です。

この式からは、アカスジカスミカメの餌となるイネ科雑草が優占している耕作放棄地が多い地域で、アカスジカスミカメの発生リスクが高まっていることがわかります。

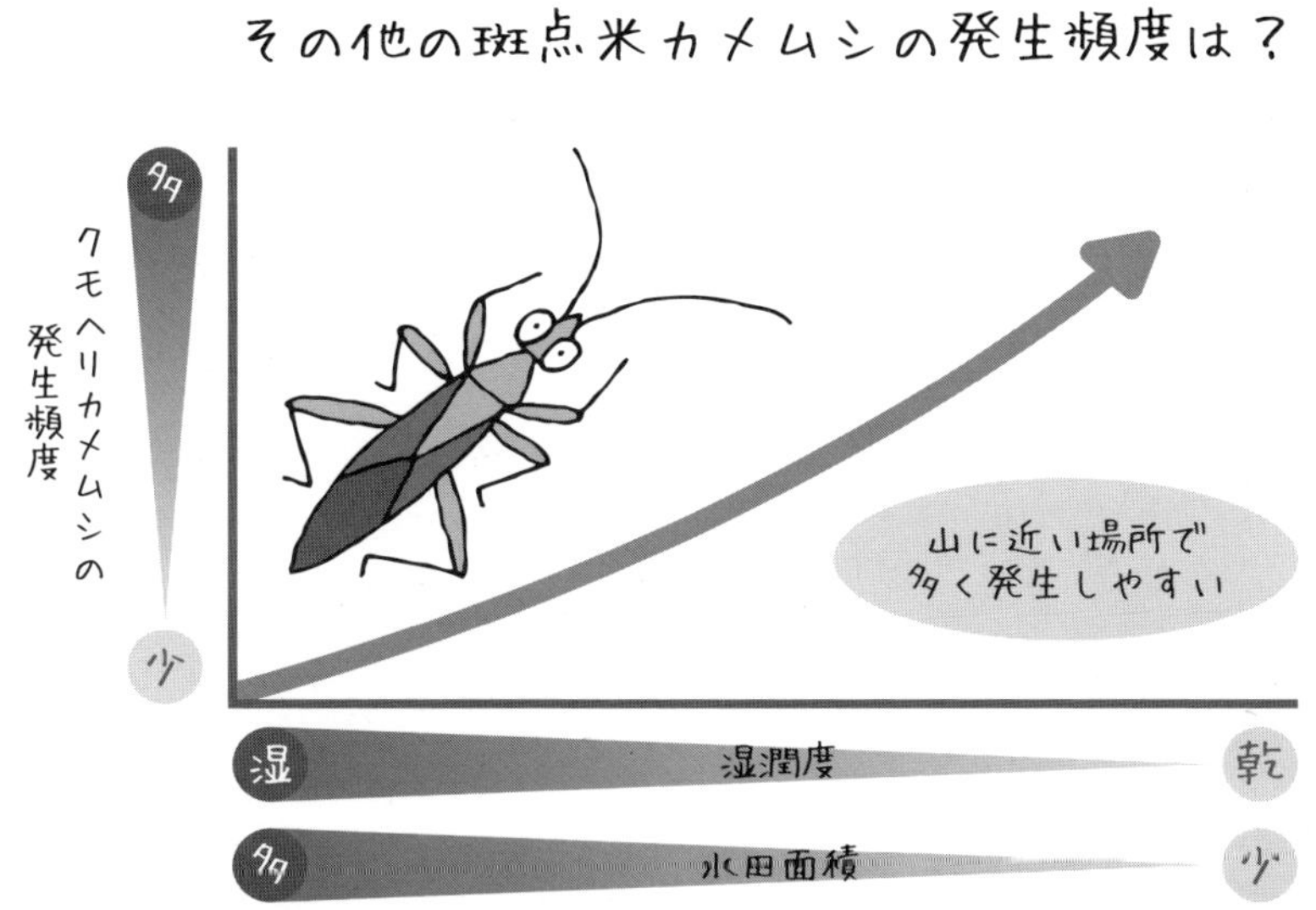

■クモヘリカメムシの発生頻度：0.430 − 0.013 ×湿潤度 − 0.411 ×水田面積
※水田が少なく、乾いた場所で増える

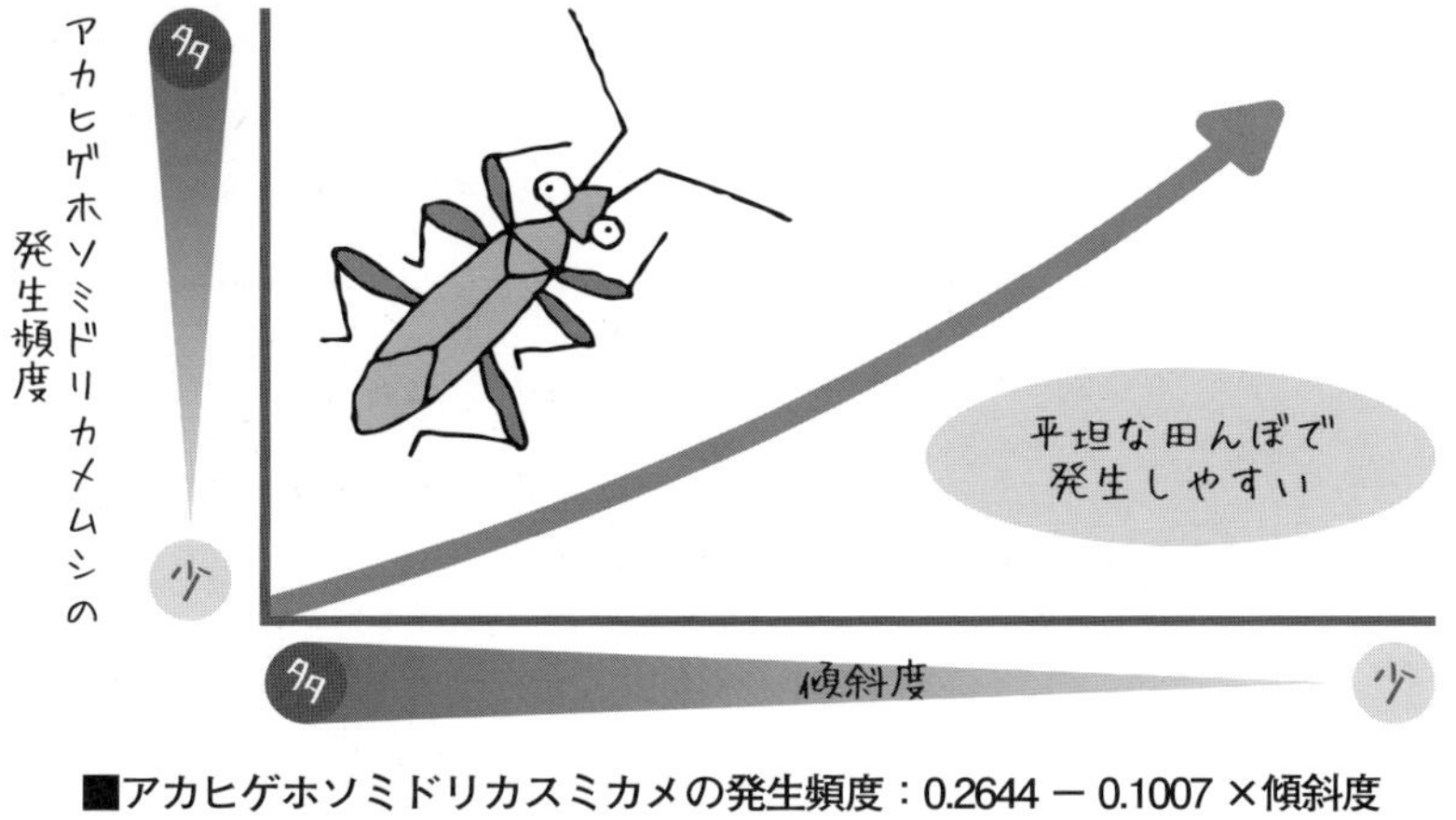

■アカヒゲホソミドリカスミカメの発生頻度：0.2644 − 0.1007 ×傾斜度
※水田の傾斜度が少ないところで増える

アカスジカスミカメの発生頻度を導き出す予測式
0.330 − 0.001 ×標高＋ 0.33 ×水田面積 +5.65 ×休耕地（湿性イネ科群落）面積 +1.30 ×休耕地面積（その他の雑草群落）+1.23 ×畑面積
R 2=0.53（p ＜ 0.001）面積は半径 150m の範囲

耕作放棄地の状況は実際に調べてみないとわかりませんし、毎年、変わりますので、残念ながら全県をマップ化することはできません。各地域で、発生源となる耕作放棄地がないかどうかを確認していく必要があります。

しかし、この結果から、地域の中のメヒシバやイヌビエなどのイネ科雑草が優占する耕作放棄地は、アカスジカスミカメの防除の点からは重要な拠点であることがわかります。

斑点米カメムシにも好みがある

夏はイネ科雑草の盛りです。さまざまなイネ科雑草が穂をつけます。

斑点米カメムシはイネ科雑草の穂につくといわれています。しかし、すべてのイネ科雑草が同じように問題になるのでしょうか。

そこで、半径三〇〇メートルの範囲で、出穂しているイネ科雑草をすべて調査し、どのイネ科雑草にどの種類の斑点米カメムシがついているのかを調べました。

その結果、イネ科雑草のすべてがアカスジカスミカメをはじめとした斑点米カメムシの発生源として問題になるわけではないということがわかりました。

アカスジカスミカメを管理するうえで、特に重要となるイネ科雑草は何なのでしょうか？

アカスジカスミカメの餌となるイネ科雑草が優占している耕作放棄地が多いと発生リスクが高まる

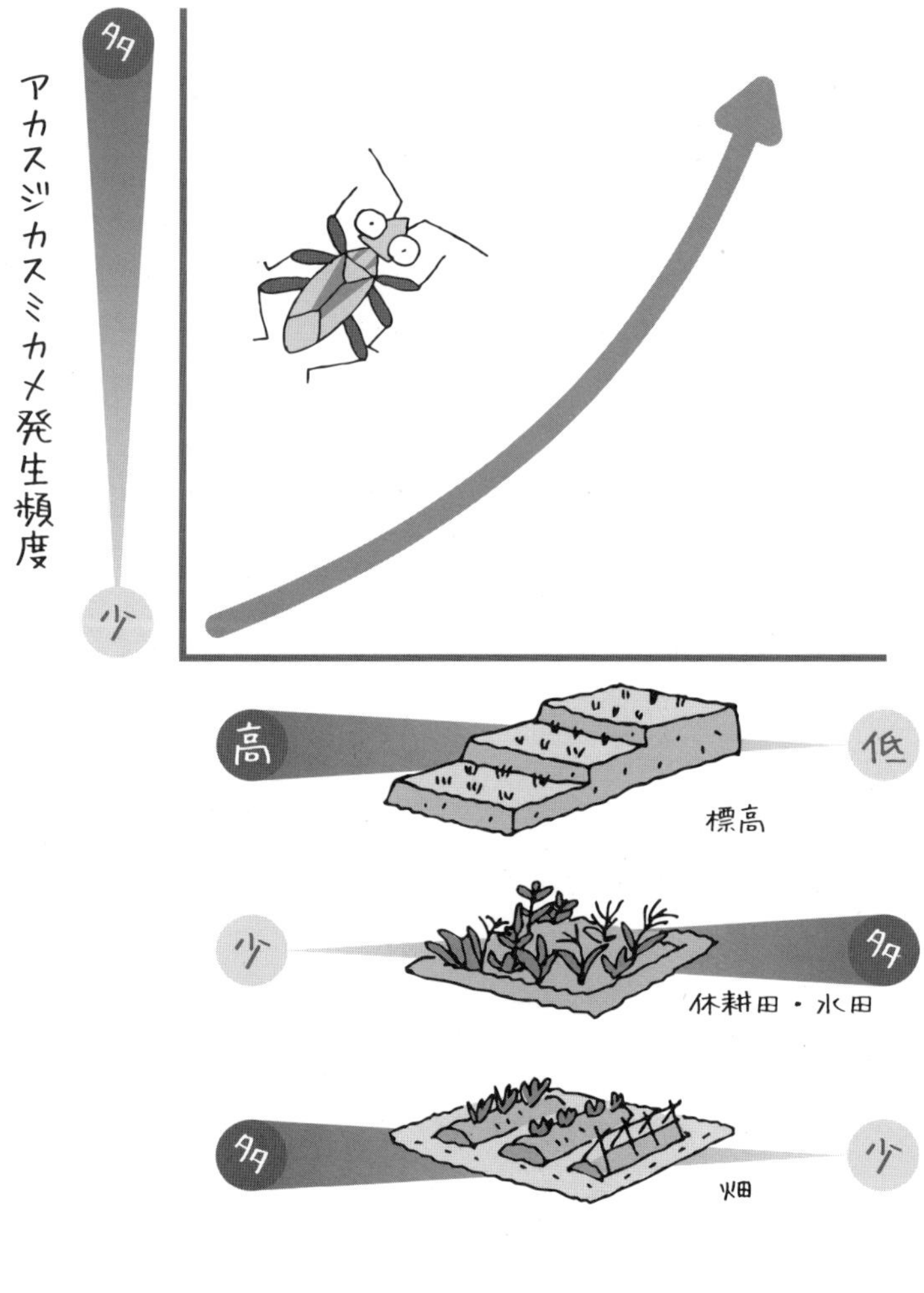

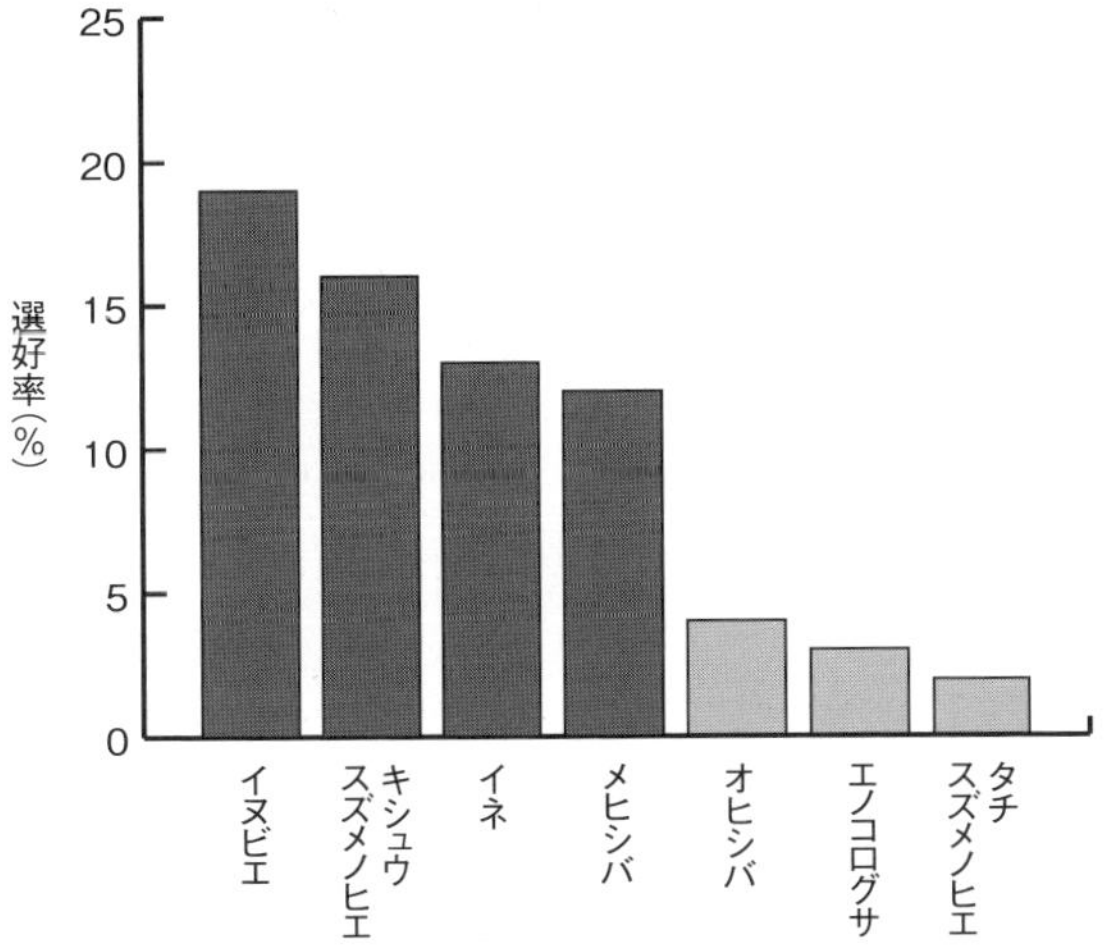

図 17　野外でアカスジカスミカメがついた雑草
アカスジカスミカメはイネと、メヒシバ、イヌビエ、キシュウスズメノヒエの四種類の植物を特に好んでいる

アカスジカスミカメが好きな雑草

調査の結果、アカスジカスミカメは特にメヒシバとイヌビエに多くついていました。

エノコログサには、斑点米カメムシはあまりつかないという観察がすでにありますが、私たちの調査からも、エノコログサではアカスジカスミカメはあまり見られませんでした。エノコログサの穂の長い毛が邪魔をして、穂を吸汁しにくいのかもしれません。

また、斑点米カメムシの種類によって、ついているイネ科雑草には違いが見られました。アカヒゲホソミドリカスミカメは、メヒシバとキシュウスズメノヒエに多くついていましたし、ホソハリカメムシはイヌビエとタチスズメノヒエに多くついている傾向がありました。タチスズメノヒエは、最近、増加している外来の雑草です。

特に問題となる雑草３種

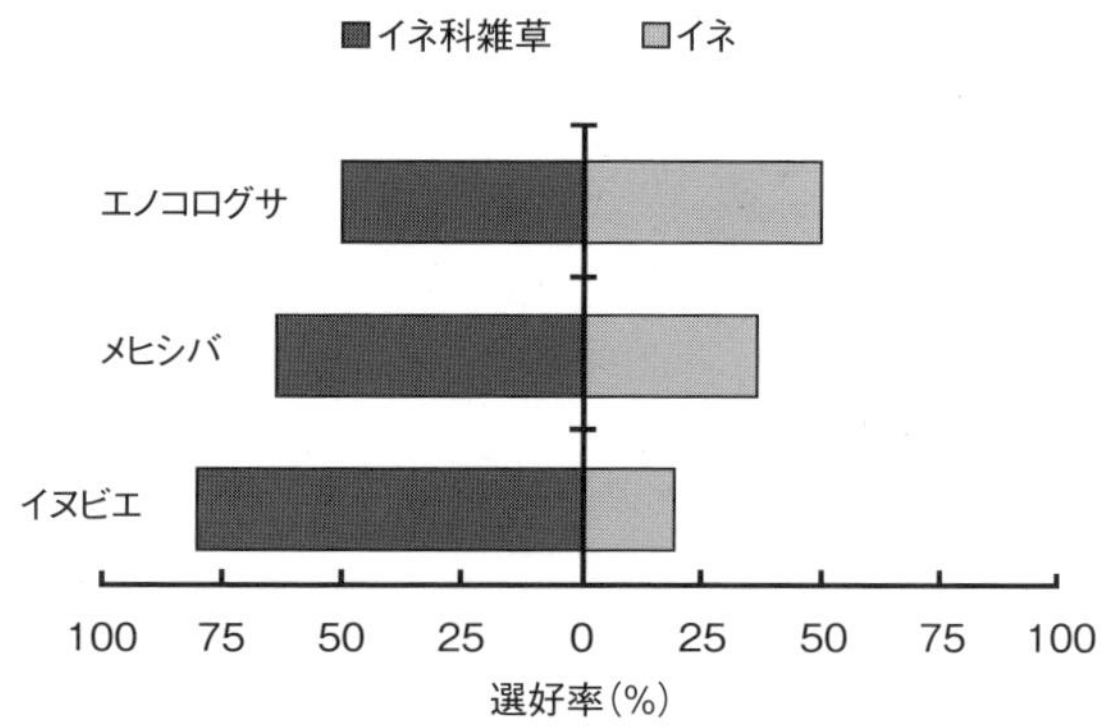

図 18　イネとの選好性の違い（直後）

アカスジカスミカメはイネよりもイネ科雑草が好き

好きな雑草を特定する実験の結果

本当に、アカスジカスミカメの餌とする雑草には好みがあるのでしょうか。

室内試験で確認した結果が右の図18、19です。アカスジカスミカメを飼育している飼育箱の中に、イネと六種類のイネ科雑草を入れて、どちらの穂にアカスジカスミカメがつくかを調べました。

この結果、アカスジカスミカメはイネと、メヒシバ、イヌビエ、キシュウスズメノヒエの四種類の植物を特に好んでいると考えられました。

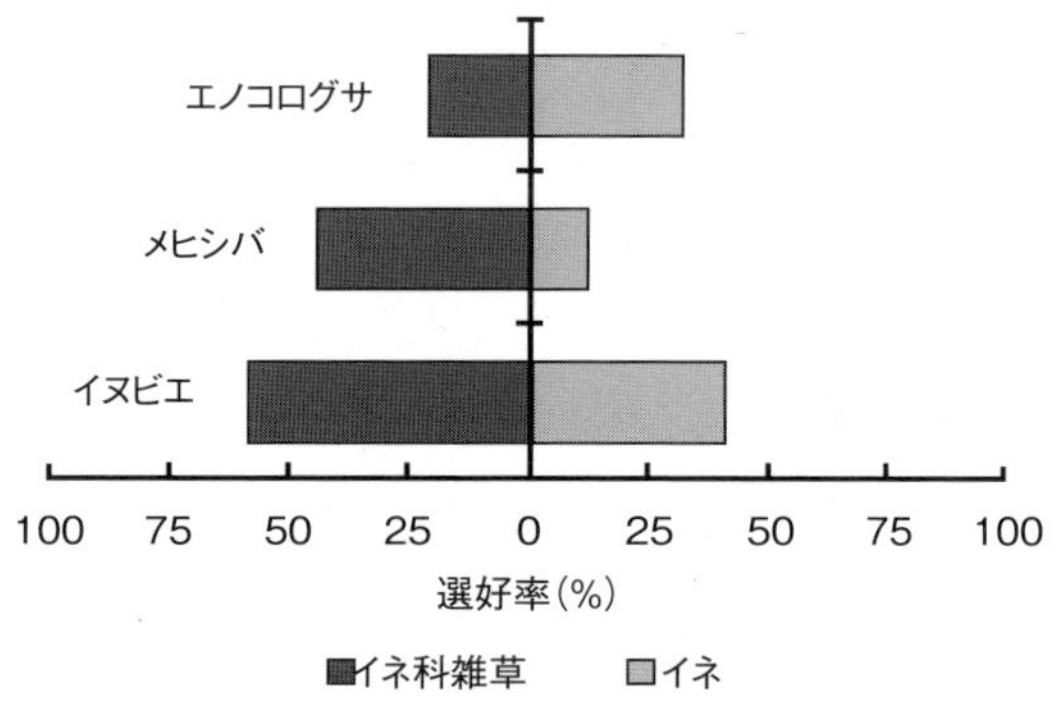

図 19　イネとの選好性の違い（48 時間後）

エノコログサについてはイネのほうを好む

ただし、この実験では、これでは大まかに好きな植物がわかっても、本当はどれが好きなのか明確にはわかりません。人気のある穂の上はカメムシがいっぱいになるので、他の穂に移動してしまうこともあります。また、たくさんの植物があるので、一番好きなものを選ぶわけではなく、近くにあったそこそこ好きなものを選んでいることも考えられるからです。

そこで、次に主要なイネ科雑草の選好性について、イネとの比較を試験してみました。

斑点米カメムシはイネより雑草が好き？

斑点米カメムシは、田んぼの周辺の畦畔から田んぼの中にやってきます。

ということは、田んぼのイネが好きなのでしょうか。

これまで論文として発表されているいくつかの研究データは、そうではないことを物語っています。

私たちの研究データからもアカスジカスミカメは、イネよりも雑草が好きなことがわかっています。

結果を図18、19に示しました。

アカスジカスミカメが好きなメヒシバやイヌビエについては、イネよりも好んでいる傾向が得られました。

そういえば、田んぼの中でもまわりにイネの穂がたくさんあるなかで、一本だけ生えていたイヌビエにアカスジカスミカメがびっしりとついているようすをよく観察します。

イヌビエがアカスジカスミカメを引き寄せているのかもしれません。

実際に調べてみると、イネの穂が出た後も、田んぼの中よりも、畦畔のほうがアカスジカスミカメは多く生息していました。

また、田んぼの中でもイネよりも、雑草のヒエにアカスジカスミカメがたくさんついていました。

一方、これまでの調査でアカスジカスミカメが好まないことがわかっているエノコログサと比べると、イネのほうを好む傾向にありました。

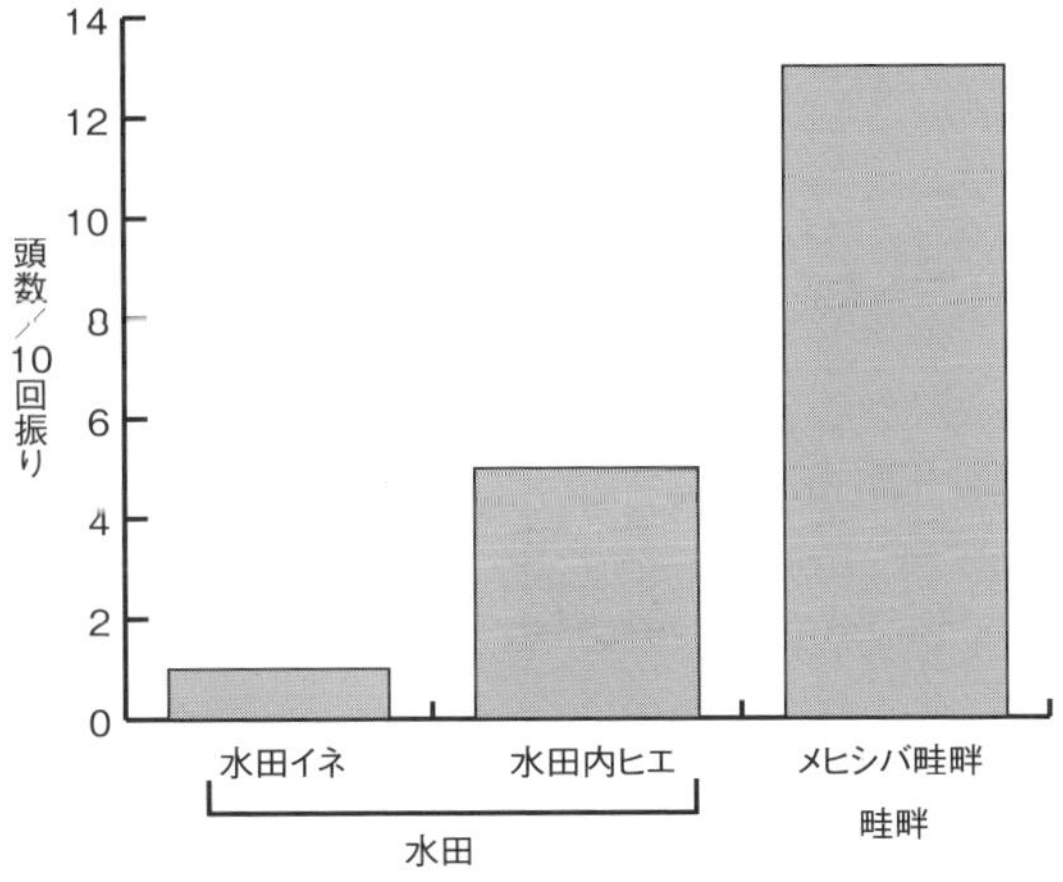

図20　水田と畦畔のカメムシ分布

出穂以降も田んぼの中より畦畔のほうにアカスジカスミカメが多く生息する。田んぼの中ではイネよりもヒエにたくさんつく

畦畔の雑草の管理がポイント

アカスジカスミカメは、本当はイネよりも野生の雑草のほうが好きなのです。しかし、草刈りされたり、除草剤が撒かれて雑草がなくなったりすると、しかたなく田んぼの中に入ってくるのです。

これまでもイネが出穂した後は、畦畔の草刈りをしてはいけないといわれていましたが、それはとても理に適っています。畦畔においしい雑草があれば、アカスジカスミカメは、そこから積極的に移動することはないのです。

ところが、畦畔に雑草が豊富になると、アカスジカスミカメはそこで大量に増殖してしまいます。そして、餌が不足し、あふれたアカスジカスミカメはやっぱり田んぼの中に餌を求めてやってくるのです。

やはり夏の間の畦畔の雑草管理は重要です。とはいえ、夏のイネ科の雑草はなかなか手に負えません。

何か良い方法はないのでしょうか。

次の項では、生態的な管理でイネ科雑草を抑制する方法を紹介することにします。

イネが出穂した後は畦畔の草刈りはしてはいけない。しかし、増えすぎると、あふれたアカスジカスミカメが田んぼの中にやってくる

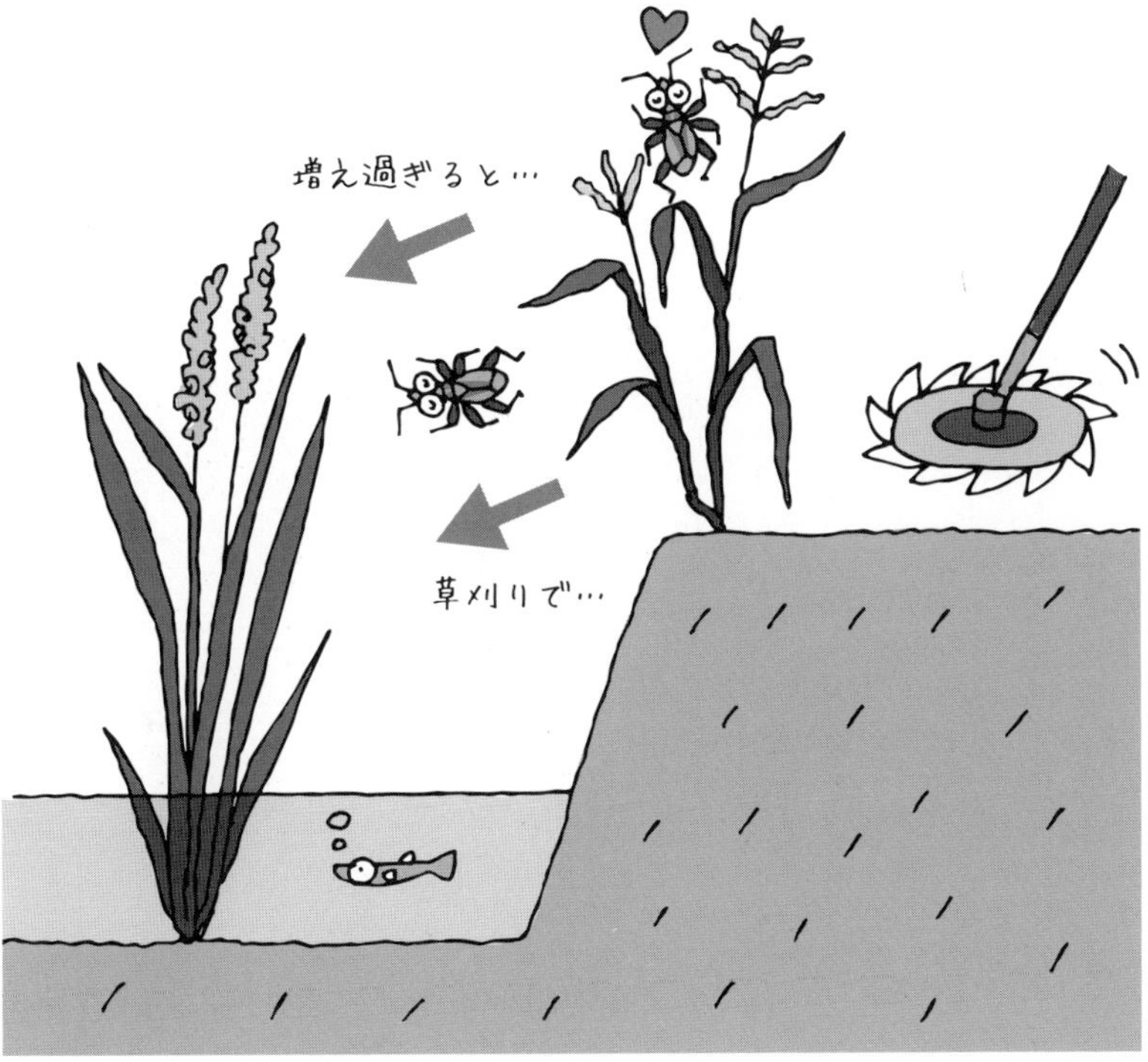

3 高刈りの効果

草刈りで斑点米カメムシが増える？

畦畔の草刈りは、害虫の発生を防ぐうえで大切な作業です。ところが調べてみると、草刈りをする前よりも、草刈りをした後のほうが、アカスジカスミカメをはじめとした斑点米カメムシが増えてしまうという例が、少なからず見られました。

どうして、草刈りによって斑点米カメムシが増えてしまったのでしょうか？

その理由は、斑点米カメムシの餌となる雑草の種類にあります。

斑点米カメムシは、イヌビエやメヒシバ、エノコログサなどのイネ科植物の穂を餌にしています。じつはイネ科植物は、草刈りに強いという特徴があるのです。

イネ科雑草は草刈りに強い

イネ科の牧草は刈り込んでもすぐに再生してきます。芝生は刈り込めば刈り込むほど旺盛に生育します。

イネ科の植物は刈り込みに対して強いという特徴を持っているのです。

植物の生長点は茎の先端にあるのがふつうですが、イネ科の植物の場合は、生長点が株元にあって、葉や茎を上に押し上げる形で成長していきます。そのため、草刈りをしても生長点が傷つくことがなく、すぐに再生することができるのです。

草刈りをすると、イネ科以外の雑草はかなりのダメージを受けますが、イネ科雑草はあまりダメージを受けません。そのため、草刈りをやりすぎると、イネ科植物ばかりが生き残って、繁茂してしまいます。このイネ科植物の穂を餌にして、斑点米カメムシが増えてしまうのです。

草刈り機が斑点米カメムシを増やした

鎌で草刈りをしていた昔に比べて、現代では、刈り払い機を使って草刈りをするために、地面を削るほど気持ちよく草を刈ることが可能になりました。しかし、草刈りの強さが強すぎることは、イネ科雑草を蔓延させている一因になっているかもしれません。

草刈りをすると、イネ科雑草が増えて斑点米カメムシが増えてしまうのだとすれば、草刈りをやめてしまったらどうでしょう。

イネ科植物は地際で刈ると逆に繁茂する。生長点が地際にあるのが理由

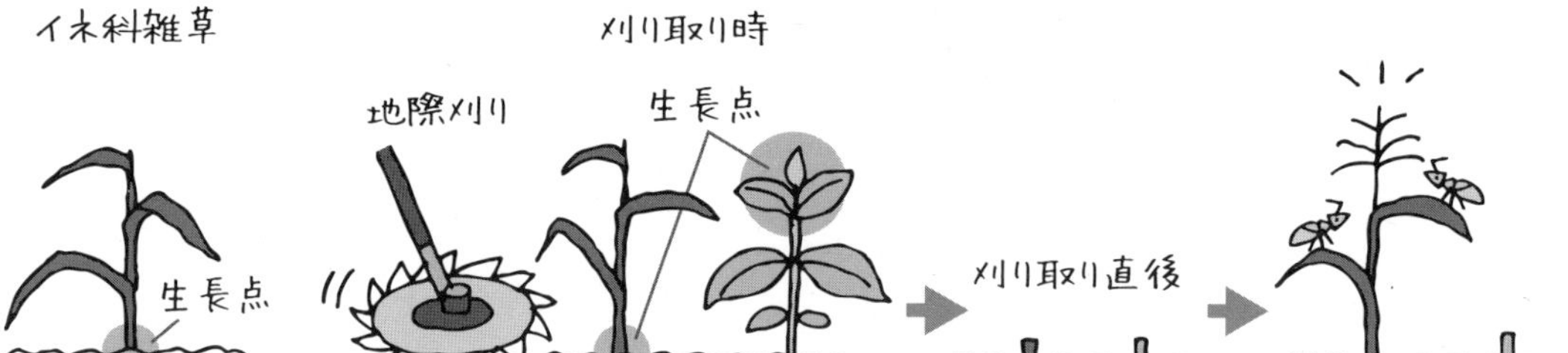

試しに草刈りをした場合と、草刈りをせずに放任しておいた場合のイネ科雑草の発生を比較してみると、放任した場合には、斑点米カメムシの餌となるイネ科雑草はほとんど問題になりませんでした。

しかし、だからといって、草刈りをしなければ、雑草が生い茂ってしまいますから、草刈りをまったくやらないというわけにはいきません。

どうすれば、よいのでしょうか?

地際刈りでイネ科雑草が占有

高刈りでイネ科雑草を抑える

イネ科雑草の蔓延を防ぐためには、やみくもに草刈りをすればよいというわけではありません。

草刈りは、草刈りの時期や草刈り回数によって、生えてくる雑草の種類が変化します。草刈り方法によって、イネ科雑草を減らすことができるかもしれません。

草刈りが強すぎると、イネ科雑草が蔓延しやすくなるのですから、草刈りを少し弱めてみてはどうでしょうか。

広葉雑草は高刈りすると横に伸びる

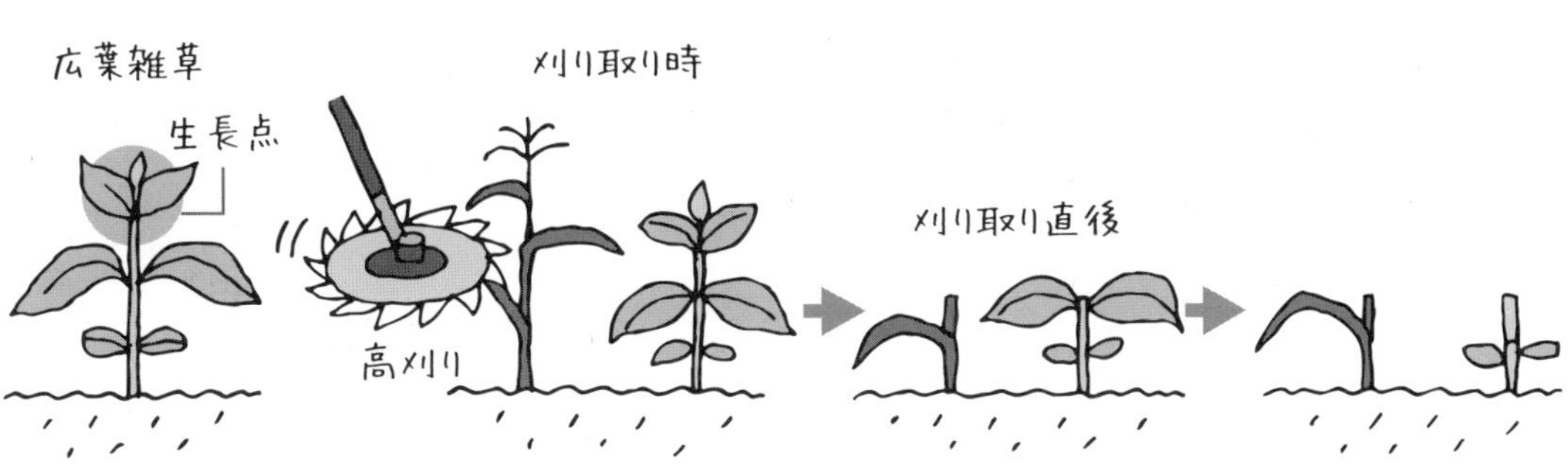

そこで、草刈りのインパクトが、強くなりすぎないように、地面より少しだけ高めに草刈りをする「高刈り」を試してみました。高刈りをすると、広葉植物が生き残り、植物の種類が増えます。そして、イネ科雑草だらけになるのを防ぐのです。

六人の農家にお願いして、ふだんどおりに地際で刈った場合（普通刈り）と、地面から五〜一〇センチメートル程度、高く刈った場合（高刈り）の比較をしてもらいました。草刈り時期や回数は、それぞれの農家の作業日程に任せて実施しました。

その結果、いずれの場合も高刈りで、斑点米カメムシの餌となるイネ科雑草の割合が減少したのです。

高刈りをすると、すぐに雑草が伸びてしまうのではないかという心配もあります。しかし実際には、広葉植物は高刈りすると、ちょうど摘心したのと同じように横に枝を伸ばすようになります。また、地面を這って伸びる被覆性の植物も増えますので、心配するほど草丈の伸長は問題にならないようです。

高刈りで広葉雑草が占有

高刈りは生きものにも人間にもやさしい

高刈り
小石が飛んでこない
カエルやクモなどの生きものの棲みかを守る
地際刈り
小石が飛んでくる
生きものが棲みにくくなる

高刈りの季節

高刈りは、けっして難しい方法ではありません。

肩掛け式草刈り機で草刈りをするときに、地際まで切るのではなく、地際から五～一〇センチメートル程度、高い位置で刈るだけでよいのです。

シロツメクサやトキワハゼ、チドメグサのように、草刈りをしていると群落の下のほうに、小さな野の花が地面に這いつくばって生長しているようすがよく見られます。これらの小さな植物の頭をなでるくらいの感じの高さで　刈るのがちょうどよい高さです。

高刈りをするには、季節が重要です。

春にはまだ、イネ科雑草が芽を出していませんので、春の草刈りは、高く刈る必要はありません。

イネ科雑草が伸び始める、五、六月から夏にかけての草刈りで高刈りをすると効果が現われます。

生物多様性を守る高刈りの効果

高刈りの効果は、斑点米カメムシを抑制するだけではありません。畦畔などの草地は、植物だけでなく、害虫を食べて農業に役立ってくれるクモの仲間や、カエルなどの大切な棲みかでもあります。

少し植物を残して高く刈ることで、これらの生きものの棲みかも守られ、誤ってカエルの足を切ってしまうことも少なくなるかもしれません。

さらに高刈りは、「生きもの」だけでなく「人間」にとってもやさしい方法です。

刈り払い機による草刈り作業では、小石などが飛んでしまう事故が起こりがちですが、高刈りは回転刃が地際に直接つかないために、小石などが飛散しにくいのです。

高刈りも万能ではない

このように、「高刈り」は、斑点米カメムシの餌植物を減少させるのに、効果的です。

しかし、この効果は場所によって、異なります。

高刈りは、「イネ科雑草を減らす方法」ですが、雑草全体がなくなってしまうわけではありません。そのため、もともと、どのような植物が生えているかによって、効果が変わるのです。

たとえば、もともとイネ科の雑草ばかりが生えている畦畔では、効果が望めません。

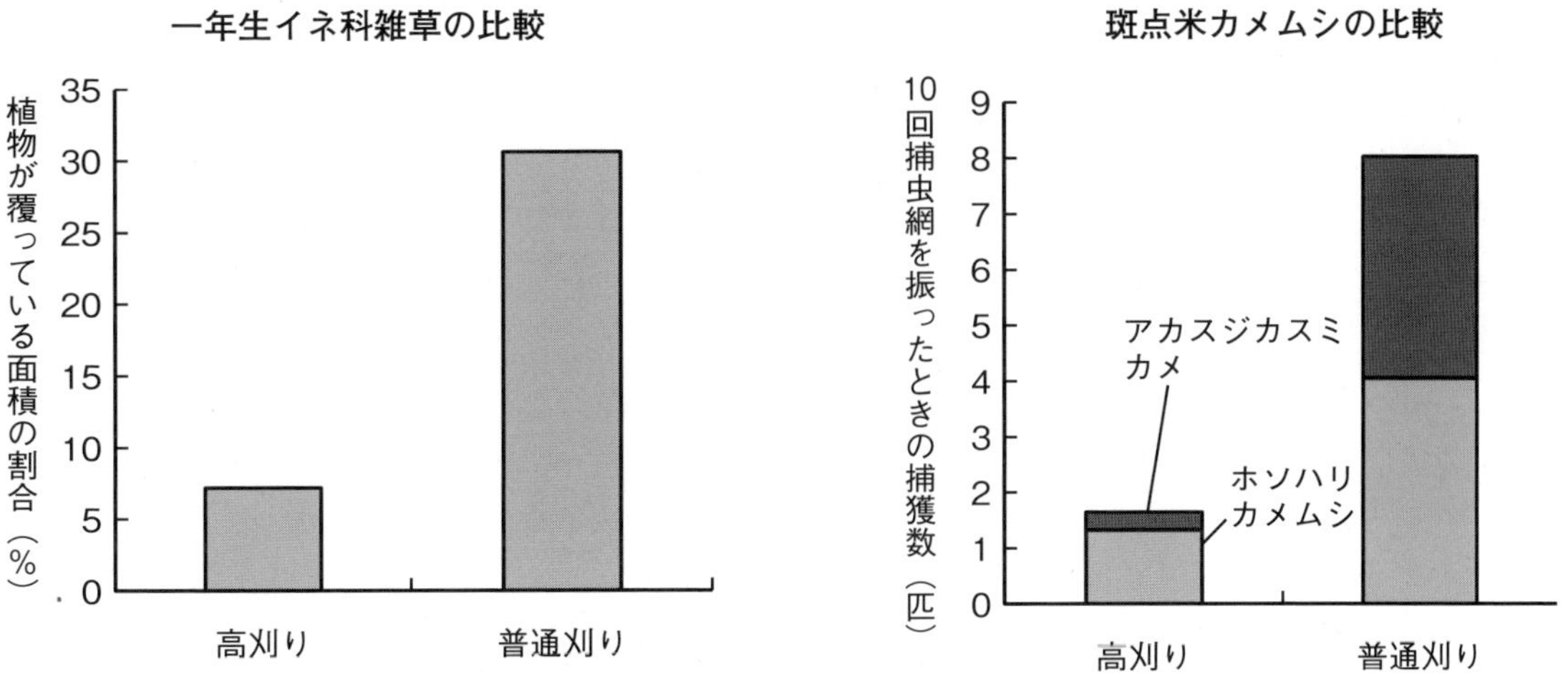

図21　高刈りしたところではイネ科雑草や斑点米カメムシが減った

高刈りは，イネ科植物以外のさまざまな植物を保全することによって、イネ科植物を抑制する方法ですから、広葉植物がほとんどない畦畔では、高く刈ろうが、低く刈ろうが関係ないのです。

また、広葉の強害草が問題となっている畦畔も注意が必要です。

高刈りでは、広葉植物が維持されます。そのた、セイタカアワダチソウやアメリカセンダングサなど、広葉の雑草が問題になっている畦畔では、これらの広葉雑草が増加してしまうのです。また場所によっては、水田雑草のクサネムが問題となる可能性もあります。高刈りは、植物の種類をコントロールする方法です。高刈りを行なうにあたっては、注意深く植物の種類を観察しながら、上手に管理することが必要になります。

高刈りの重大な欠点!?

ところで、高刈りには重大な欠点があります。

それは、刈り終わったときの見た目に草が残り、刈った感じがしないということです。そのため、雑草がきれいになくなった達成感に欠けますし、近隣の農家の方の目が気になってしまうかもしれません。

高刈りの注意点

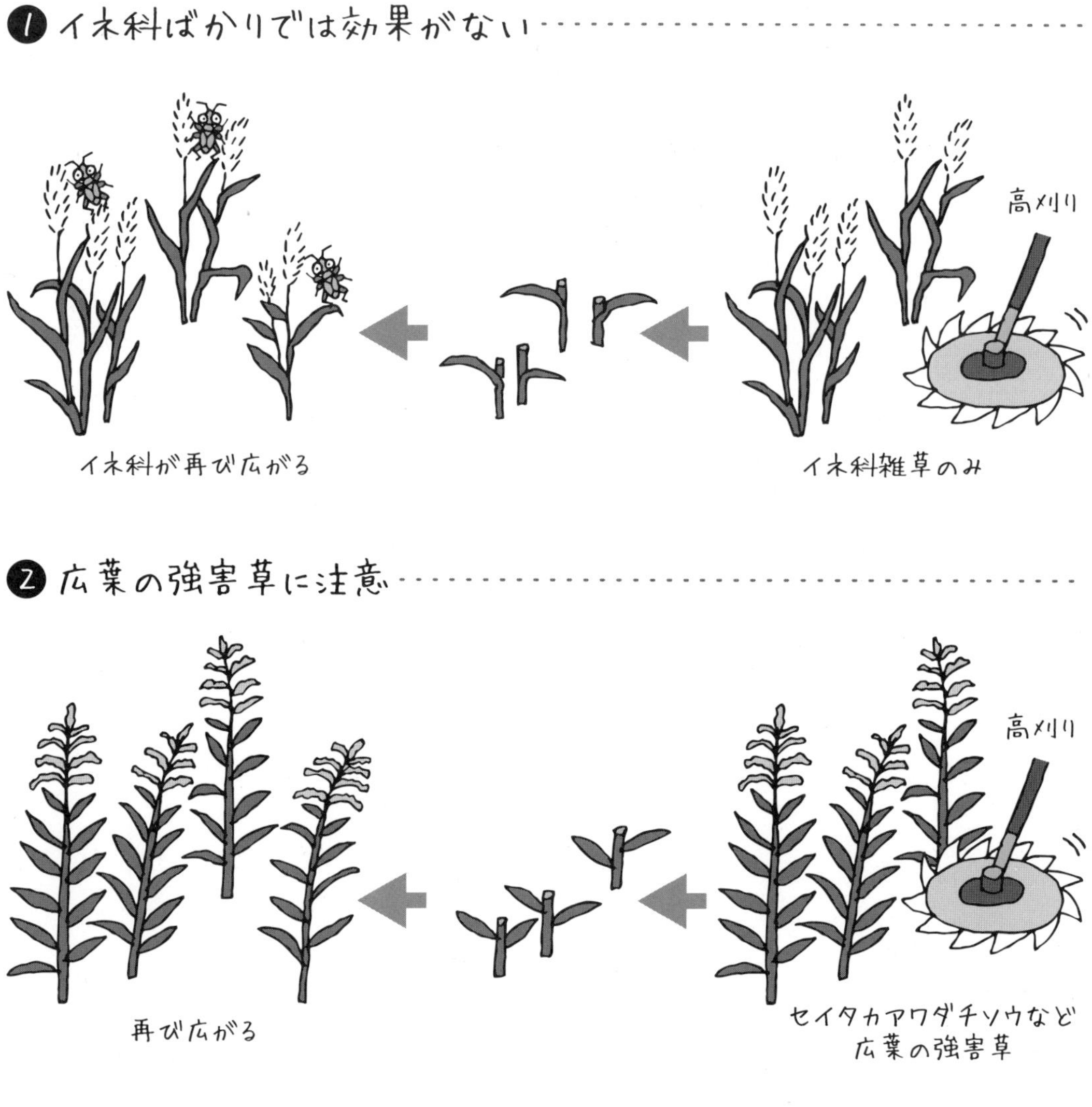

高刈りは斑点米カメムシ対策であるという意識の変革が必要です。

「高刈り」は、ずいぶんと奇妙な方法に思えてしまうかもしれませんが、昔、鎌で草刈りをしていたときには、草刈り機のように地面の際で刈ることはできず、やや高い位置で草を刈っていたことでしょう。

それが、刈り払い機によって土を削るほどの低い位置での草刈り作業が可能となり、草一本残すことなく、気持ちよく草刈りができるようになりました。しかし、その代わりに、結果的にイネ科雑草の蔓延を引き起こし、斑点米カメムシの発生を助長してしまったのかもしれないのです。

そう考えると、高刈りは鎌で刈っていたときの感覚でもう一度、草に接してみるというだけのことなのかもしれません。

4 カバープランツのリスク評価

畦畔に導入したカバープランツのリスク評価

畦畔の雑草対策として、カバープランツが導入されています。

このようなカバープランツは、斑点米カメムシの発生源として問題にならないのでしょうか。

問題になるのはイネ科の植物です。

そこで、静岡県内でカバープランツとして用いられているイネ科の植物で斑点米カメムシの発生を調べてみました。

センチピードグラスは背丈が低く、地面を被覆していくので、カバープランツとして利用されています。

センチピードというのは、ムカデを意味する言葉です。センチピードグラスは日本語ではムカデシバと訳されます。その名のとおり、ムカデの足のような葉をつけた茎を伸ばして地面を覆っていくのです。

センチピードグラスは出穂しないという話もありますが、実際にはよく穂を出しています。雑草を生やしている場所よりは、少ない結果となりましたが、わずかながらセンチピードグラスも斑点米カメムシの生息場所となっていました。

また、ノシバは昔から日本に自生する芝です。在来種でもあるので、カバープランツとしても多く用いられています。

たくさんの調査はしていませんが、これまでの私たちの調査では、ノシバに斑点米カメムシがついている例は確認していません。ただし、データが不足しており、ノシバのリスク評価についてはまだ結論に至っていません。今後の調査が必要です。

また、静岡県の調査事例ではノシバは雑草を抑制する能力が、他のカバークロップに比べると、やや劣ります。そのため、夏になるとメヒシバなどが発生して斑点米カメムシの発生が見られます。

カバープランツの天敵育成効果

カバープランツはこれまで雑草防除効果を中心に研究されてきました。しかし、カバープランツは昆虫たちの棲みかになります。害虫の発生源になっていないかというリスクの評価も重要ですし、逆に天敵の棲みかになる

ノシバ
日本在来種で、草丈が低く、被覆性がある

センチピードグラス
背丈が低く、地面を被覆する。穂は多少出る

ヒメイワダレソウ
茎がほふくし、節から根を出して伸びる

シバザクラ
草丈は低く、茎は地面を這い、節から発根する

というプラスの効果も期待できます。今後は、植物ではなく、そこに住まう生きものも含めて研究が進められていくことでしょう。

　カバープランツと天敵との関係については、第二章で私たちの研究成果を紹介することにしましょう。

Ⅳ　秋の陣──発生源を絶ち、おびき寄せて討つ

1　秋は防除できない

産卵植物は何か？

稲刈りが終われば、いよいよ今年の稲作も終わりです。

斑点米カメムシとの長い戦いも終わりを告げようとしています。

しかし、来年の稲作に向けてアカスジカスミカメは、すでに行動を開始しています。来年に向けた卵を産んでいるのです。

すでに20ページに紹介したように、アカスジカスミカメはメヒシバやイヌビエなどを中心にイネ科雑草の穂に卵を産んでいきます。夏から秋にかけては、広い範囲でイネ科雑草が生えています。

実際に私たちの調査でも、田んぼの中や、畦畔、土手の法面、休耕地など、集落内のさまざまな場所で、広い範囲に卵が産みつけられていることを確認しました。

秋の草刈りに効果はない

産卵植物はわかりましたが、だからといって、この雑草をターゲットにして草刈りをしても、まったく効果はありません。

夏雑草の穂は、秋にはやがて枯れていきます。そして、地面に種子を落としていきます。この種子の中に、アカスジカスミカメは卵を産んでいるのです。

ですから、いくら草刈りをしても雑草の種子が地面に落ちるだけです。そして、来年の春になれば、冬を越したアカスジカスミカメの幼虫が卵から生まれてくるのです。

耕起を組み合わせる

残念ながら秋に草刈りをしても、アカスジカスミカメを退治することはできません。畦畔では、もはやなすべき術はありません。15ページから紹介している春の陣に備えることにしましょう。

しかし、もし産卵植物が多くあったとしたら、本田や休耕田ではやるべきことがあります。

本田で、アカスジカスミカメが多く産卵しているということはあまりありません。

ただし、部分的でも、イヌビエが蔓延していた場所があったとすれば、そこにはアカスジカスミカメの卵が産みつけられている可能性があります。そして、イヌビエの種の中に潜んで、土の上に落ちている可能性があります。

そのような場所では耕起をすることが必要です。春の陣で紹介したように、耕起をすることによって、アカスジカスミカメの卵は土中にすき込まれます。そして、死滅させることができるのです。

休耕田や耕作放棄地も同じです。イヌビエやメヒシバが多く見られた休耕田では、草刈りをして耕起をすることが必要です。そうすることで、休耕田がアカスジカスミカメの発生源になることを防ぐことができるのです。

もちろん春の陣ですでに紹介したように、いくら卵が生まれても、春の発生源の植物を防除すればアカスジカスミカメの発生を防ぐ

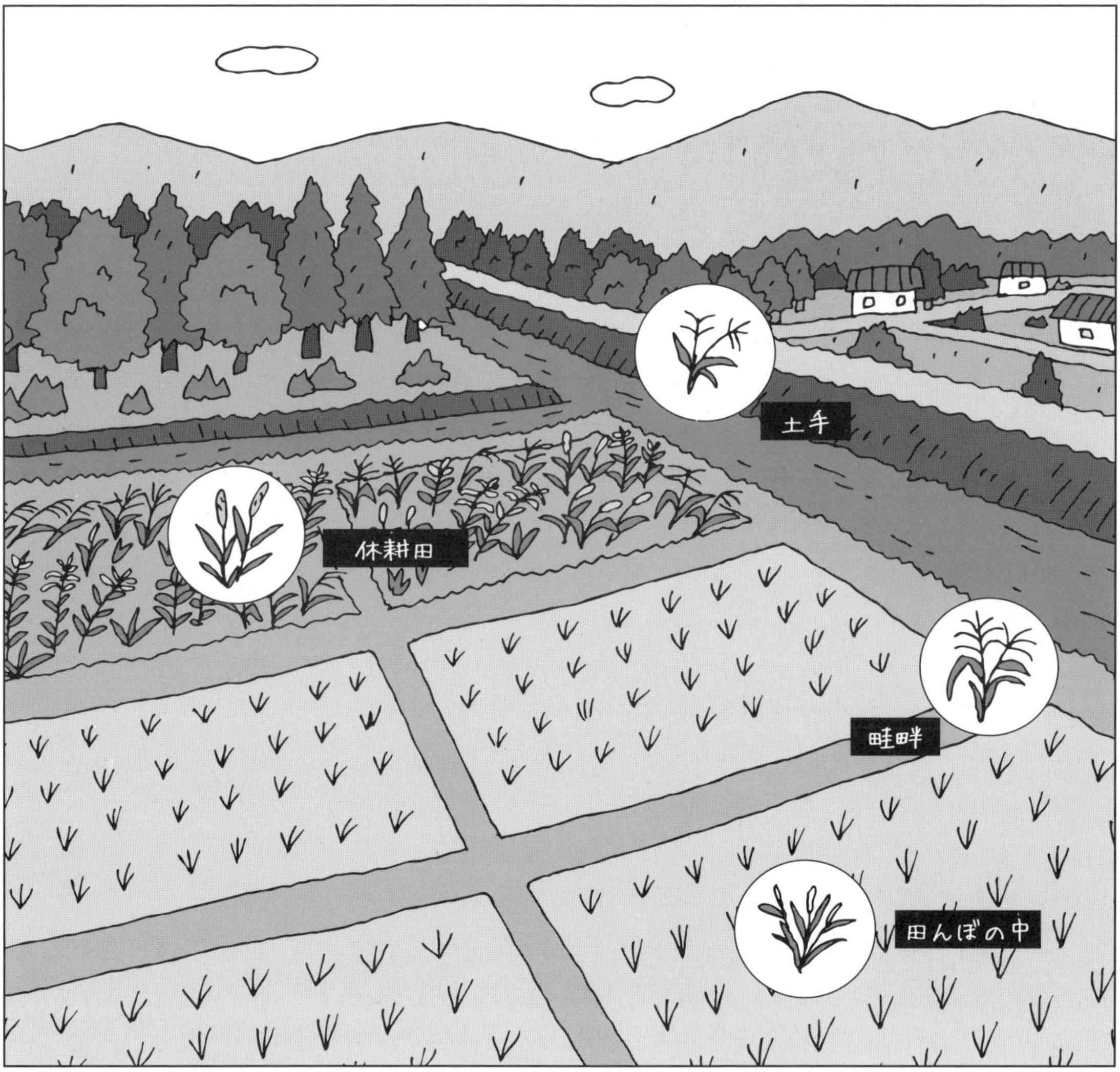

広い範囲でイネ科雑草に卵が産みつけられる

ことができますから、必ずしも耕起が必要というわけではありません。

しかし、少しでもアカスジカスミカメの発生リスクを減らすのであれば、念には念を入れて耕起の手間を惜しまないことが大切でしょう。

2 トラップ植物の可能性

産卵されても、その後に耕起することができれば、翌年のアカスジカスミカメの発生は防ぐことができます。

そうだとすれば、わざとアカスジカスミカメに卵を産ませて、そこで耕起をすることによって一網打尽にすることはできないでしょうか。

すでに紹介したように、アカスジカスミカメはイネよりも雑草のほうを好む傾向があるようです。実験の結果からは、メヒシバやイヌビエを特に好む結果が得られていました。

「トラップ植物」と呼ばれる考え方があります。トラップというのは「罠」という意味です。その名のとおり、おとりとなって害虫を惹きつけて、作物を守るのです。

とはいえ、イヌビエやメヒシバなどの雑草を、ただ生やしておけばよいというのも気がひけます。

それではアカスジカスミカメが好む雑草に近い作物を植えてみてはどうでしょうか。

グリーンミレットという牧草は、雑草のイヌビエに極めて近縁の植物です。

アカスジカスミカメの選好性を調べてみると、グリーンミレットに対しては、イヌビエと同程度の高い選好性を示しました。

これについては、まだ研究段階で、実証試験が終了していませんが、たとえば休耕地にグリーンミレットを栽培することで、アカスジカスミカメをトラップして田んぼに行くことを引きとめるということもできるかもしれません。

そしてグリーンミレットに卵を産ませて収穫することや、その後、休耕地を耕起することによって、トラップしたアカスジカスミカメが産んだ卵を一網打尽に退治できることも期待できます。

そう考えてみると休耕田や耕作放棄地にもまだまだ利用価値がありそうです。

休耕田や耕作放棄地でイネを作るのではなく、稲作の生態管理をサポートさせる役割を担わせるこのアイデアについては、さらに第三章で発展させてみることにしましょう。

おびき寄せて産ませた卵を耕起で土中にすき込む

忌避（追いやる）植物とトラップ（引きつける）植物

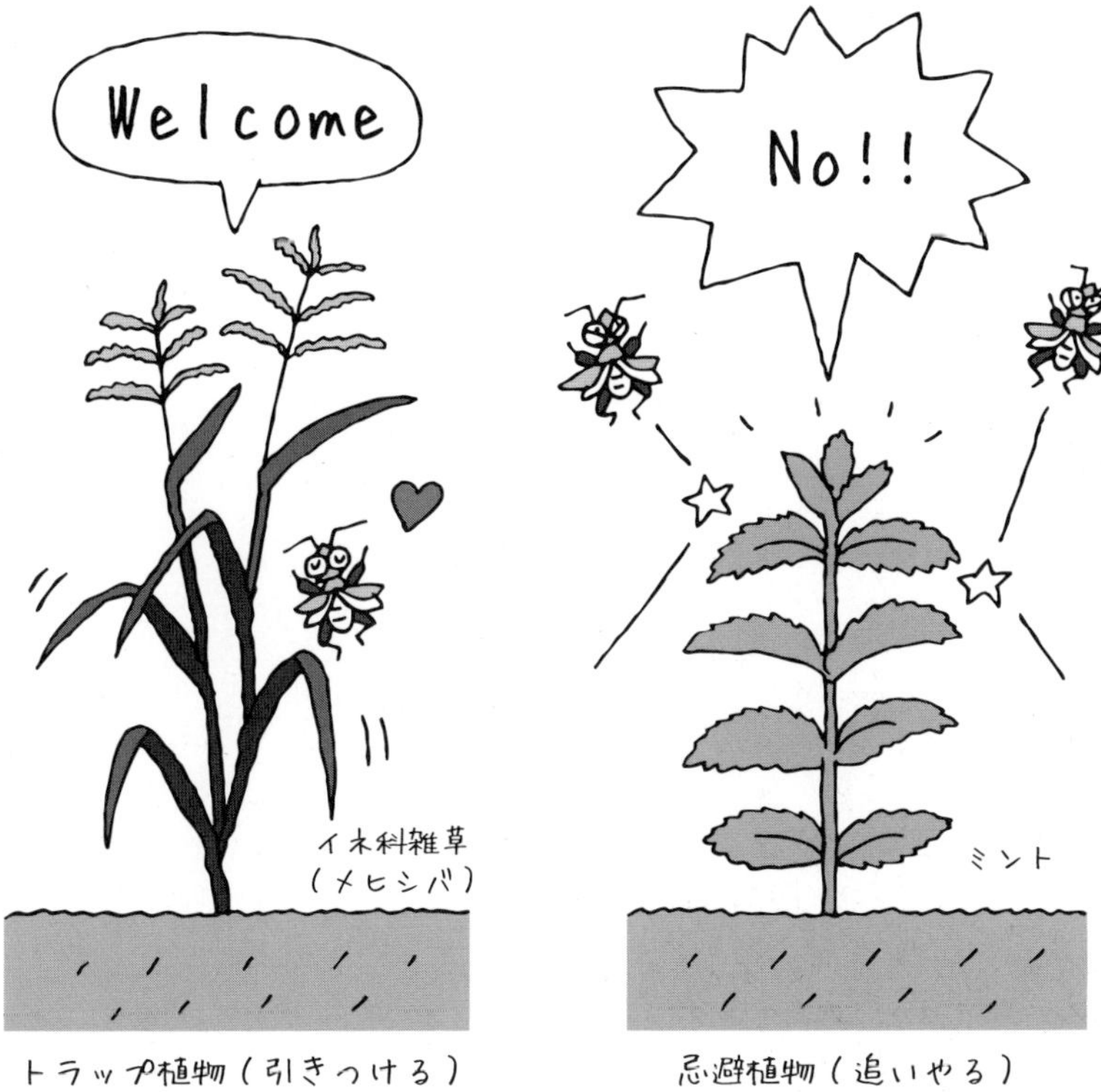

アカスジカスミカメが害虫になった理由

その昔、アカスジカスミカメは田んぼの周辺に棲む「ただの虫」でした。そのただの虫が、どうして被害をもたらす大害虫になって

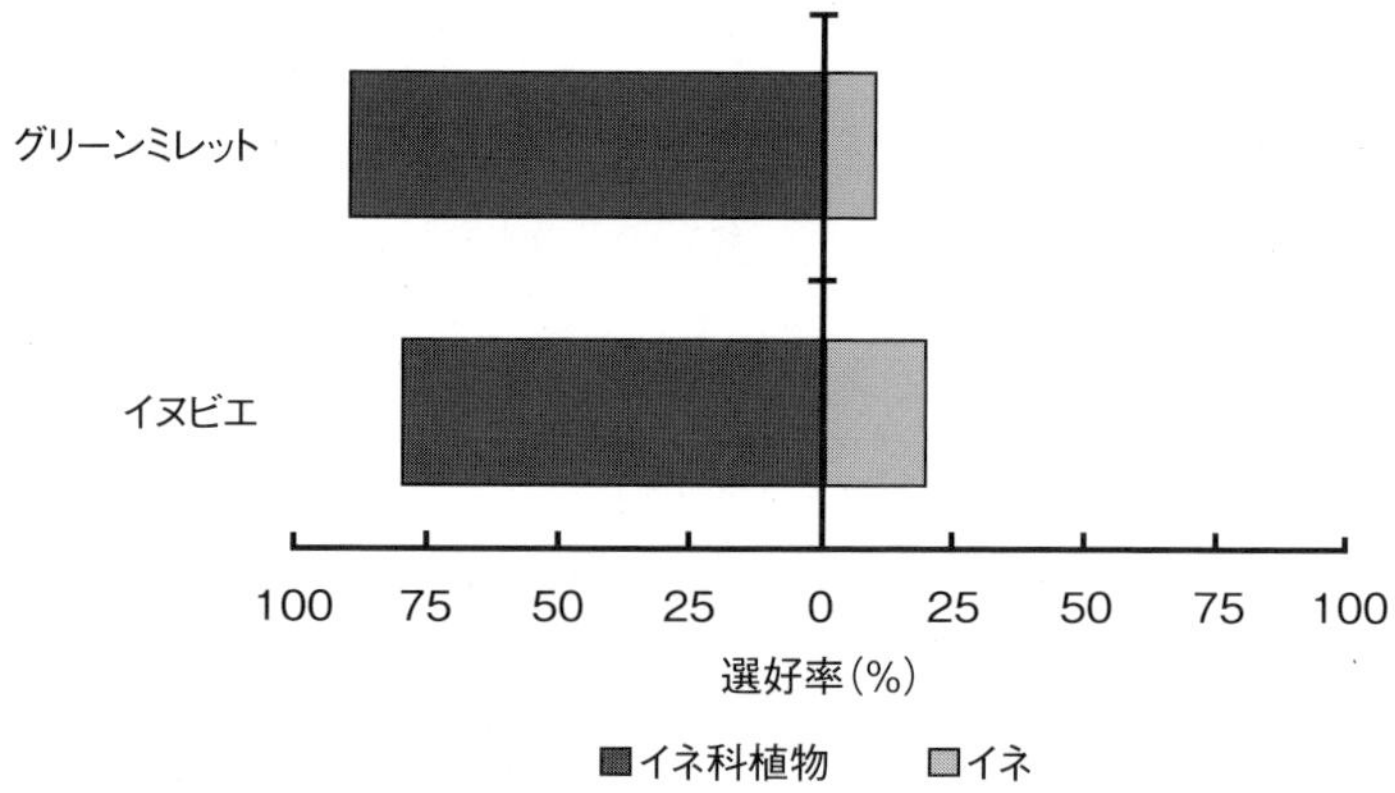

図22　アカスジカスミカメのグリーンミレットの選好性
グリーンミレットはイヌビエと同じくアカスジカスミカメを引き寄せる

しまったのでしょうか。

耕作放棄地の増加や、イネ科牧草の増加、気温の温暖化などが問題とされています。

私たちの調査からも次の三つが原因になっていると推察されます。

一つは休耕地や耕作放棄地の存在です。アカスジカスミカメは秋に産卵する植物と、春に幼虫が餌にする植物が同じ場所にないと生活史をつなぐことができません。しかし、秋の産卵植物と春の餌植物が同所的にある場所というのは少ないのです。

また、田んぼなどは耕起をするので、田んぼの中に産みつけられた卵は土の中にすき込まれます。

ところが、さまざまな植物が生える休耕地や耕作放棄地では、秋の産卵植物と春の餌植物がつながります。すべての休耕地や耕作放棄地が問題になるわけではありませんが、休耕地や耕作放棄地は、アカスジカスミカメに命をつなぐチャンスを与えてしまうのです。

二つめは、水田の縁の畦畔との間のスズメノテッポウが問題となりました。

稲作が大規模化し、なかなか水田の縁と畦畔の間まで草刈りをすることはできません。また、トラクターなどの機械も大型化しているため、どうしてもトラクターが旋回する水田の縁の部分は十分に耕起できません。そんな水田の縁と畦畔の間の部分の管理ができないことも、アカスジカスミカメの発生の要因となっています。

三つめは草刈りです。

最近では、刈り払い機の登場によって、鎌で草を刈っていた頃に比べれば、草刈りはらくになりました。エンジンの力で、土を削って気持ちよく草刈りをすることができます。しかし、過度な草刈りは、多くの雑草を消失させる代わりに、草刈りに耐性のあるイネ科雑草だけを生き残らせる結果となりました。草刈りが強すぎることも、イネ科雑草の蔓延を助長し、アカスジカスミカメなどの斑点米カメムシを増やす原因になっているのかもしれません。

アカスジカスミカメが害虫になった理由

❶ 休耕地が増えて秋の産卵植物と春の餌植物がつながる

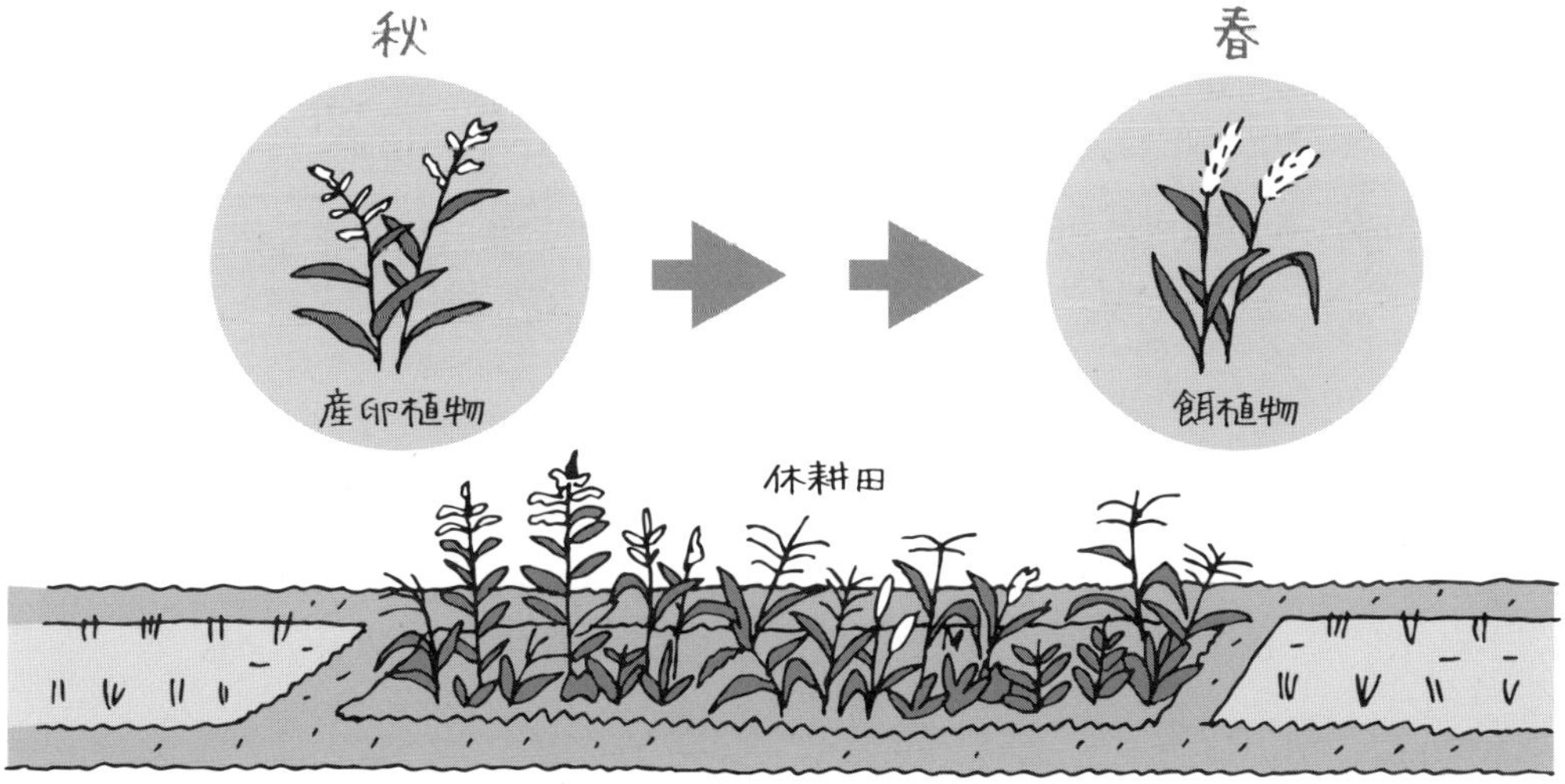

❷ 大規模化により水田の際の管理が行き届かない

❸ 草刈り機の登場で地際まで刈り込むため、イネ科雑草が繁茂する

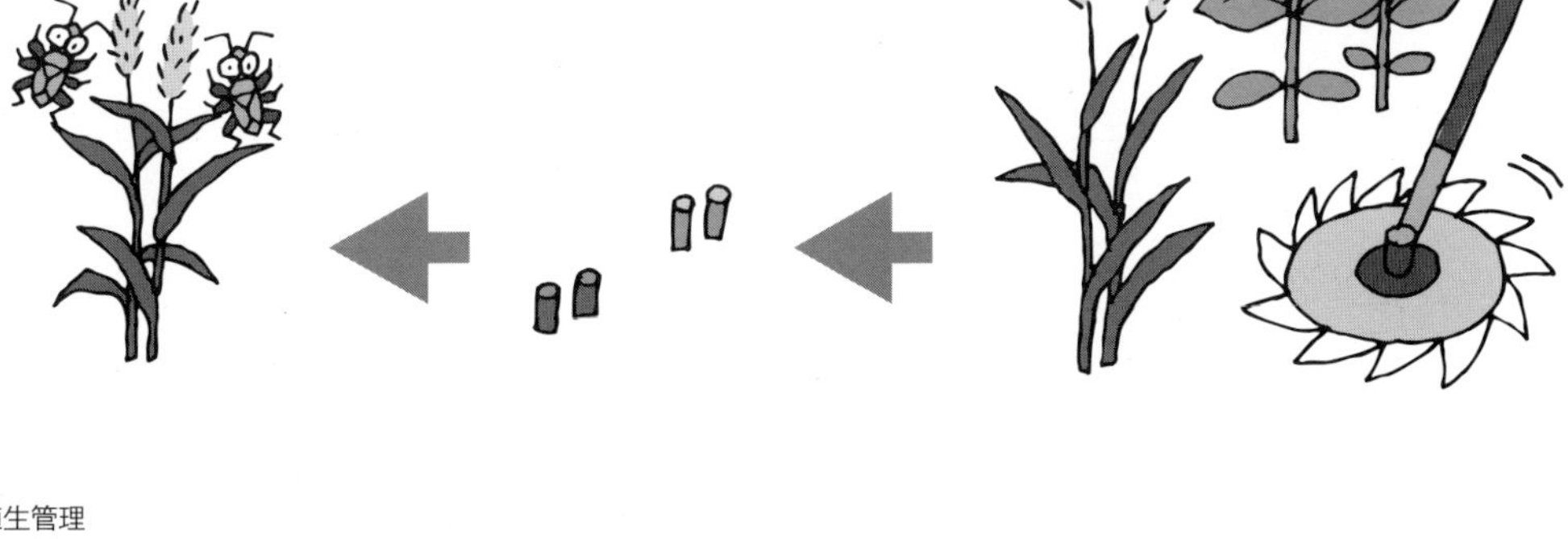

第2章

生きものの力を農業の力に

I　生きものの力を農業に活かす

生物多様性から有用生物多様性に

最近、生物多様性に注目が集まっています。

生物多様性は、「生きものの種類に多様性がある」ということですから、つまり、いろいろな生きものがいることに価値があるという意味です。

生きものが、いっぱいいることはすばらしいことです。しかし、農業の現場では「生きものいっぱい」が、「害虫いっぱい」では問題です。

ドイツの緑地帯
麦畑周囲に2〜3mの幅で帯状に景観植物を栽培する

また、得てして手を抜いて粗放管理をすれば、安易に生きものを増やすことができます。しかし、それでは農業としては寂しいことです。積極的に管理するなかで、主体的に生態系も管理していきたいものです。

欧米では最近、有用生物多様性（または機能的生物多様性）という概念が注目されています。これは、農業に役に立つ生物多様性ということです。

生態系を管理するなかで害虫を退治する天敵を増やし、生きものを守りながら農業にも役立てていこうという概念です。

畦畔は生きものの宝庫

欧米では、農地のまわりを緑地帯や垣根で囲むことが行なわれています。こうした場所を生きものの棲みかとするだけでなく、天敵を保全して畑に天敵を供給させようとしているのです。

このように、天敵を保全する植物をバンカープランツあるいはインセクタリープランツといいます。

バンカーというとゴルフのバンカーを思い浮かべるかもしれませんが、ゴルフのバンカーは「bunker」であるのに対して、植物のほうは「banker」と書きます。「Ｂａｎｋ」は「銀行」という意味ですから、銀行のように、天敵を蓄える植物ということなのです。

また、インセクタリープランツは昆虫のための植物という意味です。

日本では、欧米に見られるように農地の周囲を緑地帯で囲むような管理はあまり行なわれていません。

しかし、考えてみれば、田んぼは水をためるために畦畔に囲まれています。緑地帯のような広さはなくても、天敵を保全するような役割を果たしているかもしれません。

畦畔を活用してコモリグモを増やす

田んぼの害虫を食べる天敵として注目され

ているのが、コモリグモというクモの仲間です。

コモリグモは巣を張らずに、田んぼの中をパトロールしています。そして、害虫を見つけると、捕えて食べるのです。

しかし、田んぼの中のコモリグモは、耕起や代かきなどの農作業や、農薬散布の影響を受けて減ってしまうことが知られています。そのため、農薬を減らしたり、不耕起栽培をしたりすると、コモリグモの数を増やすことができるといわれているのです。

しかし、減農薬栽培や不耕起栽培を実践しようとすれば、イネの栽培体系を大きく変えなければなりませんから、それでは大変です。

コモリグモは、田んぼの外から田んぼの中へと侵入してくることが知られています。畦畔がコモリグモの生息地となっているようであれば、畦畔の管理によって、コモリグモを保全し、コモリグモの数を増やすことはできないでしょうか。

そこで畦畔管理とコモリグモの関係について調べてみました。

バンカープランツは天敵を蓄える銀行

コモリグモが多い畦畔

コモリグモは、どのような畦畔を好むのでしょうか。これについては、はっきりとはわかっていません。

図24は、棚田の畦畔で主に生えている雑草の種類ごとに、コモリグモの数を比較した結果です。その結果、ヒデリコやテンツキなどのカヤツリグサの雑草が優占している畦畔よりも、チガヤやイヌビエなどのイネ科雑草が生えている畦畔のほうが、コモリグモが多い傾向にありました。

また特にチガヤの生えている畦畔でコモリグモは多い傾向にありました。19ページで紹介したように、チガヤは植物の種の生物多様性を維持するうえで優れた植生です。もしかすると、そのような生物多様性を保全する畦畔が、コモリグモを保全するうえでもよいのかもしれません。

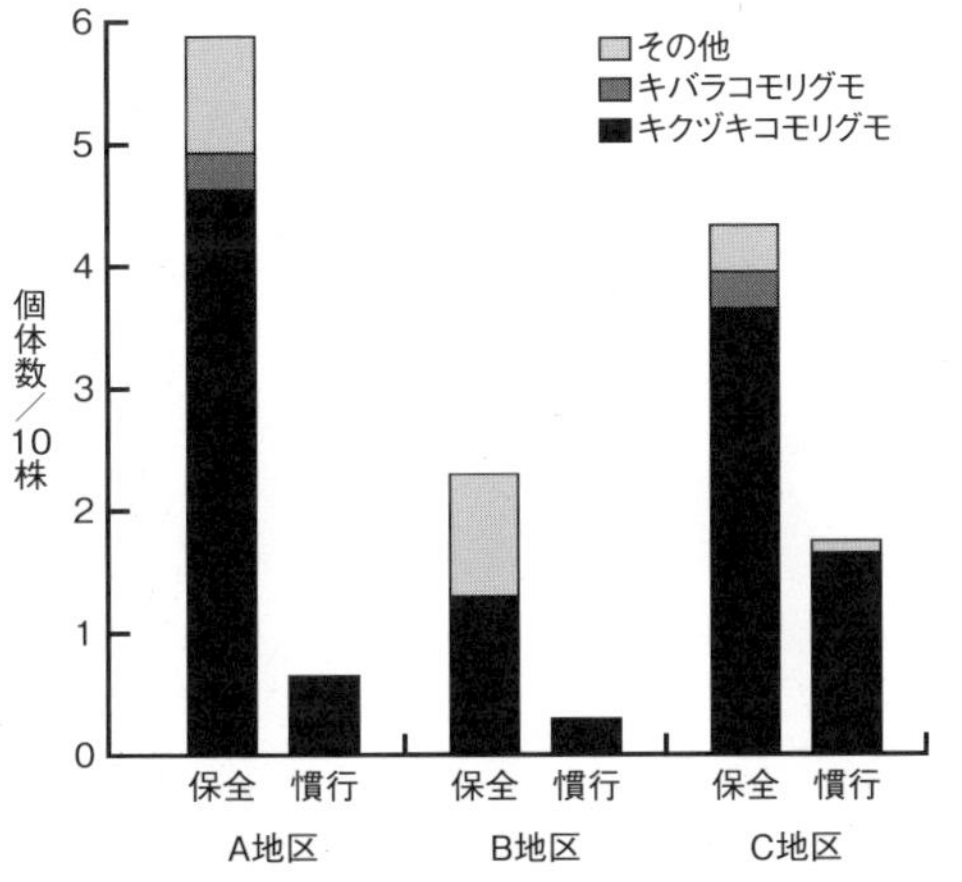

図23　環境保全型と慣行型でのコモリグモの個体数の比較

減農薬や不耕起など環境保全型農法のほうがコモリグモの数が多い

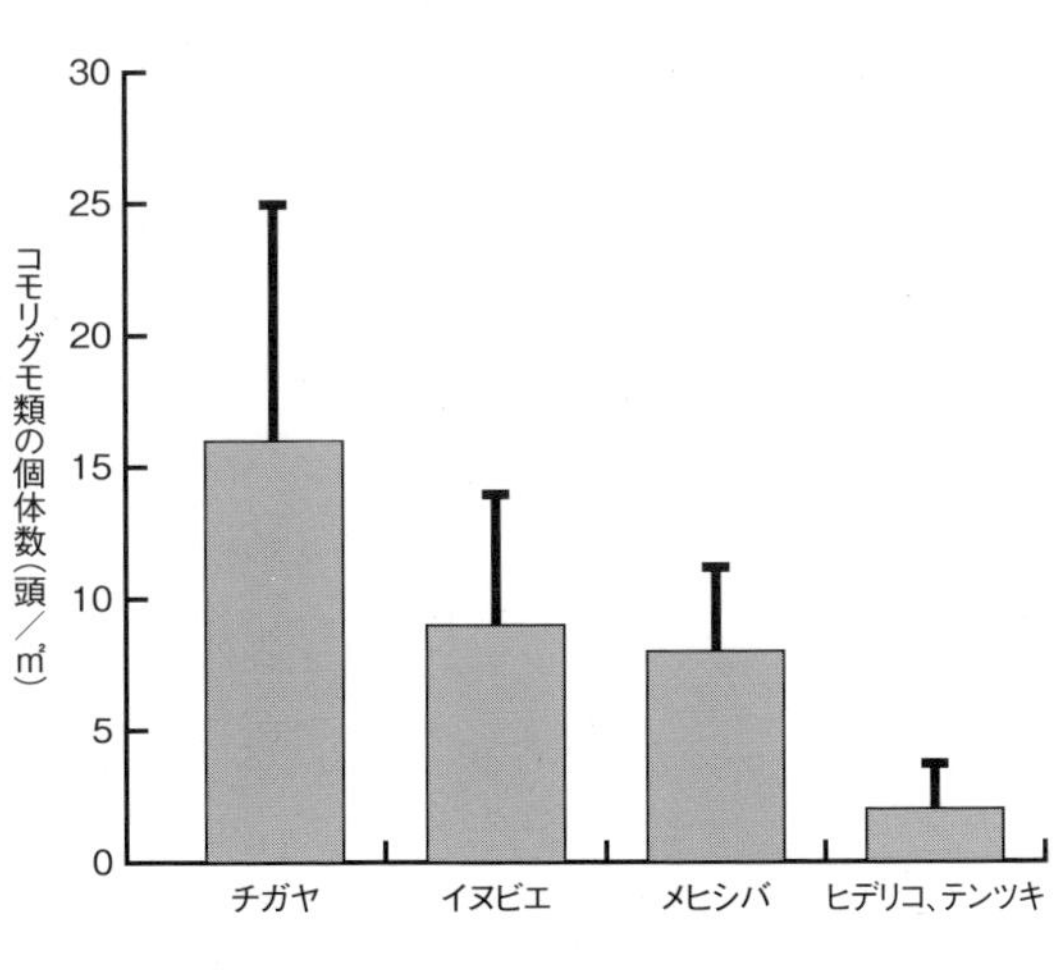

図24　雑草別のコモリグモの個体数の比較

チガヤが生えている畦畔でコモリグモの数が多い

Ⅱ　コモリグモを増やす

1　草刈りの効果

草刈りをするとクモが増える

それでは、どのようにすれば、畦畔のコモリグモを増やすことができるのでしょうか。

畦畔管理とコモリグモの数との関係を明らかにするために、四件の農家の人の田んぼの畦で、コモリグモの数の変化を調査しました。

その結果、草刈り時期にかかわらず、草刈りをした後にコモリグモの数が著しく増えることがわかりました。

ただし、これは、草刈りの直後に増加していることから、コモリグモの数が増えたのではなく、コモリグモが周辺から集まってきたものと考えられます。コモリグモは明るい草地環境を好みます。また、刈った草は持ち出されますが、すべて持ち出されるわけではないため、刈られた草が敷き草のように放置されます。そのような敷き草のような環境をコモリグモが好むのかもしれません。

高刈りがコモリグモにもたらす効果

40ページ以降で紹介した高刈りは、コモリグモの保全に効果があるのでしょうか。

しかし、調べてみると高刈りをしたからといって、コモリグモの数が増えるということはありませんでした。

もっとも草刈り直後は草刈りをしたところでコモリグモが少なかったことから、コモリグモは草刈りをした後に、明るい環境に集まってくるのかもしれません。

とはいえ、畦の生息場所を撹乱する草刈り作業そのものは、コモリグモに影響を与えることが考えられます。

ヨーロッパでは、緑地帯の天敵を保全するために、緑地帯の場所によって草刈りをする時期をずらしたり、草刈りをしない場所を設けたりしています。

明確ではありませんが、コモリグモへの影響を少なくするという点では、草刈りの位置を高くすることも、コモリグモを保全する上では有効といえるかもしれません。

草刈りをした後の明るい環境にコモリグモがすぐに集まってくる

2 レンゲの効果

レンゲの田んぼではクモが多い

田植え前の管理でも、コモリグモを増やすことができます。

今ではレンゲの花が咲く田んぼは、めっきりと少なくなってしまいましたが、ときどき、景観形成のためにレンゲを植えてある田んぼがあります。

私たちの調査では、レンゲを植えている田んぼではコモリグモが多いことがわかりました。コモリグモは冬の間、田んぼの中で冬を越しています。レンゲがあると、寒さをしのいだり、餌を確保したりすることができて、コモリグモが冬を越しやすくなるようです。

春の田んぼはレンゲだけでなく、景観形成のために菜の花なども植えられています。ところが、残念ながら菜の花では、コモリグモを増やす効果はありませんでした。

レンゲのように地面を覆い尽くす植物のほうが、コモリグモの棲みかとしては適しているようです。

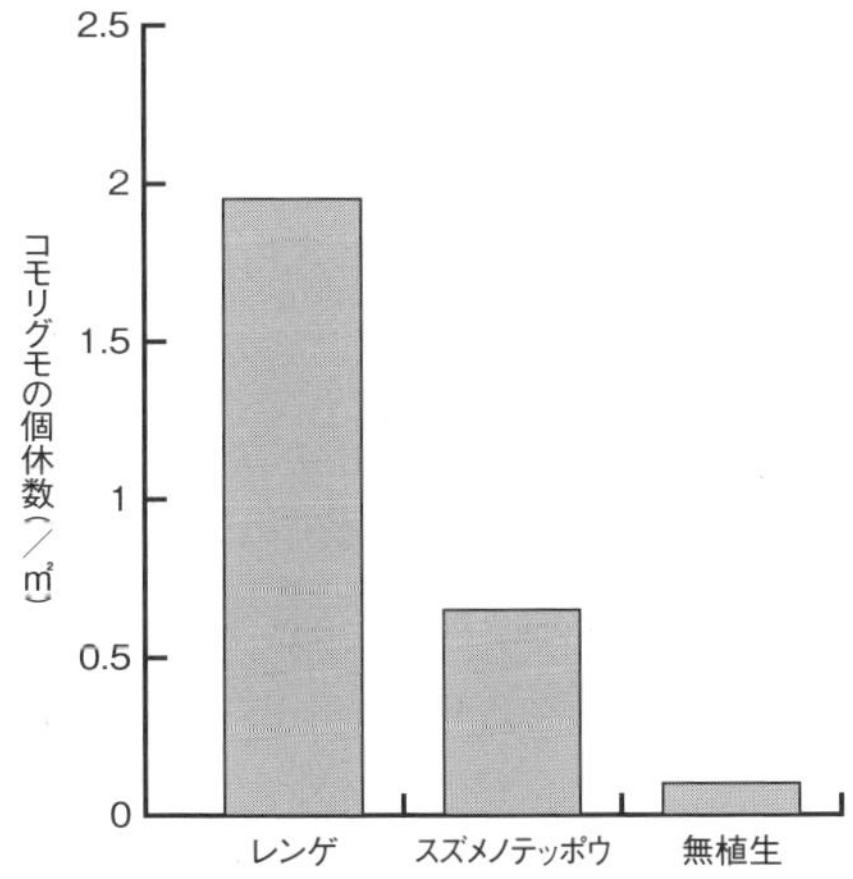

図25　レンゲを植えた田んぼのコモリグモの個体数
レンゲを植えている田んぼではコモリグモが多い

田植えのときは畦畔に避難

しかし、疑問が残ります。

レンゲがあるのは春の間だけです。その後は、耕起が行なわれ、水が入れられて、代かきが行なわれます。せっかく春の間にコモリグモがたくさんいても、みんないなくなってしまうのではないでしょうか。

私たちの調査では、代かきや田植えが終わると、畦畔でコモリグモの数が急に増えることがわかりました。おそらく、田んぼの中にいたコモリグモは、畦畔に逃げてくるのです。

その後、田んぼの中にはコモリグモはほとんど見られなくなります。田植えをしたばかりの田んぼの中には、虫がほとんどいないので餌がないのです。

やがてイネが大きくなり、田んぼの中に餌となる虫が増えてくると、田んぼの中にコモリグモが増えていきます。さて、畦畔に逃げていたコモリグモたちは、どうなったでしょうか。

水稲栽培期間中もレンゲの効果がある

驚くことに、レンゲを栽培していた田んぼでは、イネを栽培している期間中もコモリグモが多いという傾向にありました。

レンゲによって数が増えたコモリグモは、

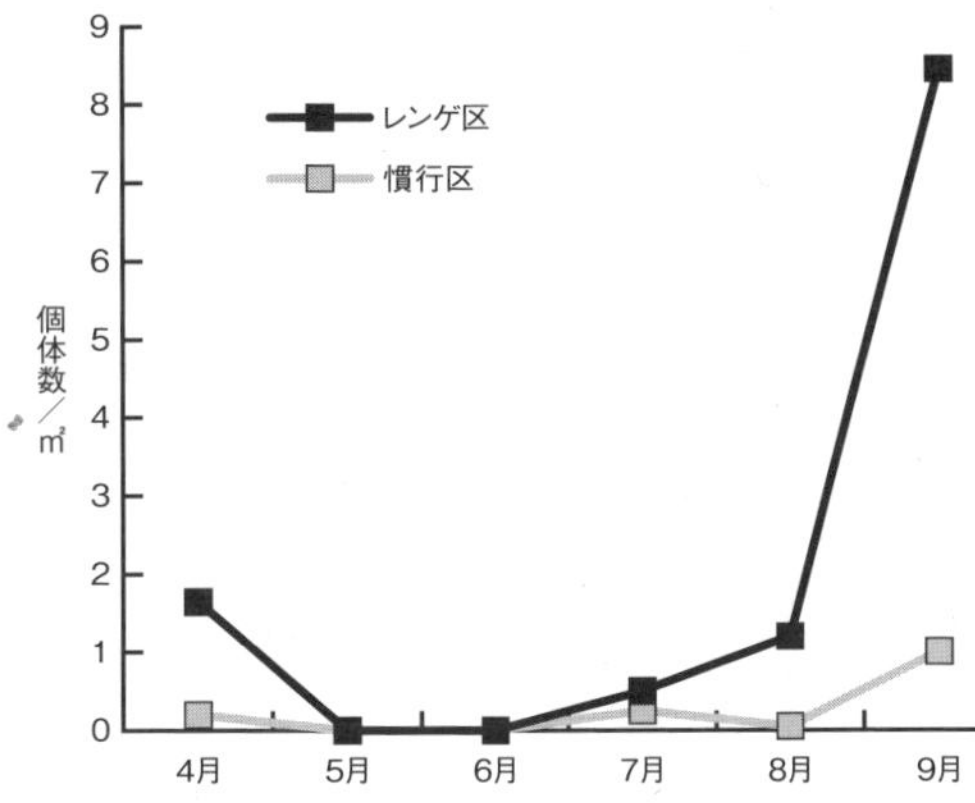

図26　レンゲ区と慣行区でのコモリグモの数の推移

レンゲを植えていた田んぼでは、イネを栽培している期間中もコモリグモが多い

代かき・田植えの前
代かき・田植え時とその直後
田植え後しばらくして
レンゲが育った田んぼでは
コモリグモの数が増える
代かきや田植えで
コモリグモは畦畔に移動する
イネが育ってくると餌を求めて
再び田んぼの中へ移動する

畦畔で過ごした後に、また田んぼの中に戻ってきたのです。

昔は緑肥として利用されてきたレンゲも、化学肥料が用いられるようになった現在では、その役割を失ってしまったように見えます。今ではときどき、景観植物として植えられるくらいです。しかし、レンゲは単なる景観植物ではありません。人知れず、天敵のコモリグモを保全する役割を担っていたのです。

Ⅲ　生きものの力で問題雑草を抑える

ニュータイプの天敵

「天敵」というと害虫をやっつけるというイメージがあります。ところが、最近欧米では、新たなタイプの天敵に注目が集まっています。それは雑草の種子の天敵です。

雑草の種子を食べることで、雑草の発生を防いでくれるのです。

コゴモクムシ
ヨーロッパでは雑草の種子を食べるゴミムシ類が注目されている

ヨーロッパで主に注目されるのはゴミムシ類です。ゴミムシの仲間には、小動物を食べる肉食性のものと、雑草の種子を食べる草食性のものがあります。その雑草の種子を食べるゴミムシが注目されているのです。

オーストラリアなどで注目されているのはアリです。そういえばディズニー映画のバグズ・ライフに登場したアリたちは、一生懸命に雑草の種子を集めていました。そのアリが雑草を退治していると注目されているのです。

それでは日本では、どのような生きものが雑草の種子を食べてくれているのでしょうか。

私たちは、斑点米カメムシの発生源として問題となるイネ科雑草に着目して、調査をしてみました。

イネ科雑草の種子が減っている

そもそも私たちがコオロギに着目したのは、30ページで紹介した問題雑草イタリアンライグラスの研究からでした。

イタリアンライグラスは、どれくらいの種子を生産し、次の年にその種子のうちどの程度が発生するのかという予測モデル式を作っていました。ところが、場所によっては種子の数が急減し、そのモデル式が大きくくずれてしまうのです。

場所によっては、九割以上もの種子が失われてしまうこともありました。

どうして、雑草の種子は急減してしまったのでしょうか。

イタリアンライグラスの種子を食べているのは誰？

その原因を解析した結果、じつは何者かが、イタリアンライグラスの種子を食べることによって、種子の数を減らしているということがわかったのです。

種子を食べているのは誰だ?

それでは、どんな生きものがイタリアンライグラスの種子を食べていたのでしょうか?

イタリアンライグラスの種子を貼り付けた紙の上に、虫が通れるくらいの一センチメートル角の目の粗い網をかぶせた区と、アリくらいしか通らないような五ミリメートル角の目の細かい網をかぶせた区とを設けました。もし、網をかぶせることによって種子が食べられなければ、鳥やネズミのような大きな生きものが種子を食べていたことになります。また、網の細かい区だけで種子が食べられているようであれば、それはアリのような小さな生きものが種子を食べていることになります。

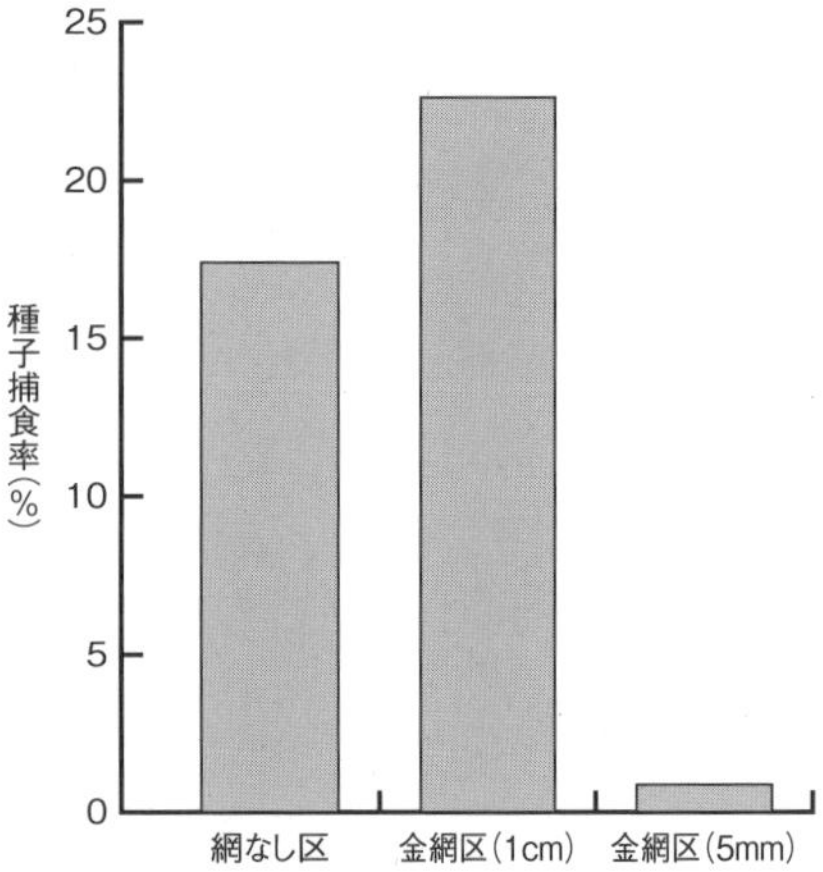

図 27　網の目の大きさによる種子の食害率
1cm の粗い網は通れるが、5mm の細かい網が通れない生きものが種子を食べている

その結果、一センチメートルの粗い網を通ることができる一方、五ミリメートルの目の細かい網は通れないような生きものが種子を食べていることがわかりました。

つまり何らかの虫が種子を食べていることがわかったのです。

雑草の種子を食べる天敵

海外の事例と同じように、日本の田んぼの周辺でも、人知れず雑草の種子を食べてくれている雑草の天敵となる昆虫がいました。

その正体は何だったのでしょうか。私たちは種子の上にカメラを設置し、種子を食べにくる生きものを観察しました。そして、ついにその正体を突き止めたのです。

それは、ゴミムシとコオロギでした。

春にはゴモクムシと呼ばれる種子を食べるゴミムシの仲間が見られ、秋にはタンボコオロギやエンマコオロギなどのコオロギの仲間がイネ科雑草の種子を食べていました。

種子を食べるコオロギ

特に体が大きく、食べる量が多いタンボコオロギやエンマコオロギは、雑草防除への効果が期待されます。

タンボコオロギはその名のとおり、田んぼのまわりに一年中見られるコオロギです。

エンマコオロギは、もっとも体の大きいコオロギで、ちょうど夏のイネ科雑草が種子を落とす秋に成虫になります。

コオロギの雑草抑制効果

本当に、コオロギにイネ科雑草を抑制する

エンマコオロギ

タンボコオロギ

ような効果が見られるのでしょうか。

ほ場に囲いをしてその中にコオロギを放すと、コオロギの数が多いほど、イタリアンライグラスの発生は少なくなりました。

その後の調査で、コオロギは種子だけでなく、種子から出た芽生えも好んで食べることがわかりました。このようにしてコオロギはイネ科雑草の発生を抑制していたのです。

コオロギは軟弱野菜や葉菜にとっては葉をかじってしまう害虫です。しかし、少なくとも水田地帯では、イネ科雑草の種子を食べる有用な生きものであることがわかりました。

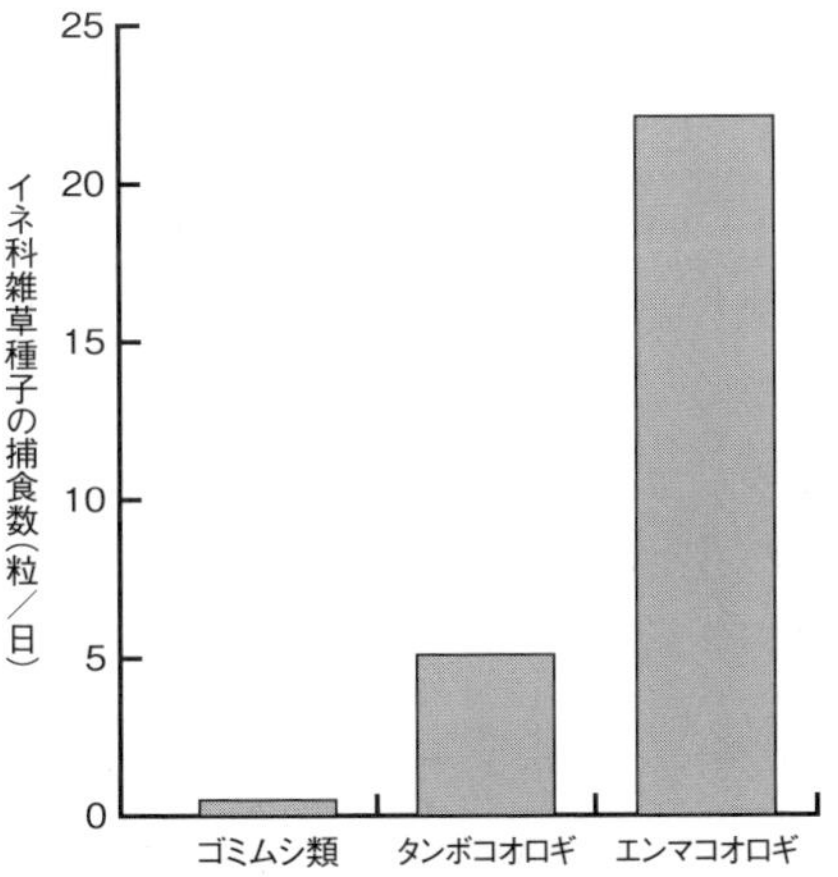

図28　イネ科雑草の種子の捕食数
エンマコオロギやタンボコオロギは、イネ科雑草の種子をたくさん食べている

コオロギは畦畔が好き

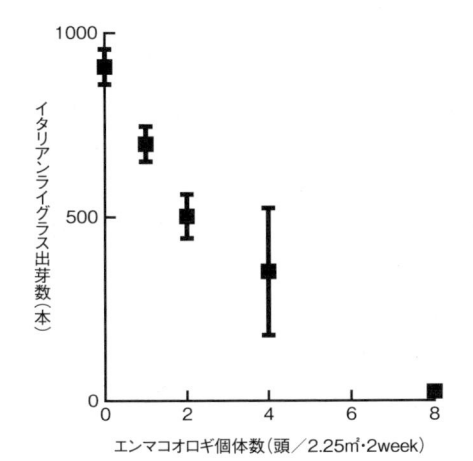

それでは、コオロギはどのような環境を好むのでしょうか。

そこで、畦畔のコオロギの数と周辺環境との関係を調べました。

その結果、半径五〇〇メートルの範囲内に水田畦畔が多い場所ほど、コオロギの数が多いことがわかりました。

森や畑、草むらなどが多い場所よりも、畦畔が多いところにコオロギは多かったのです。この結果を見ると、コオロギの仲間もまた、田んぼの生きものであるといってよいかもしれません。

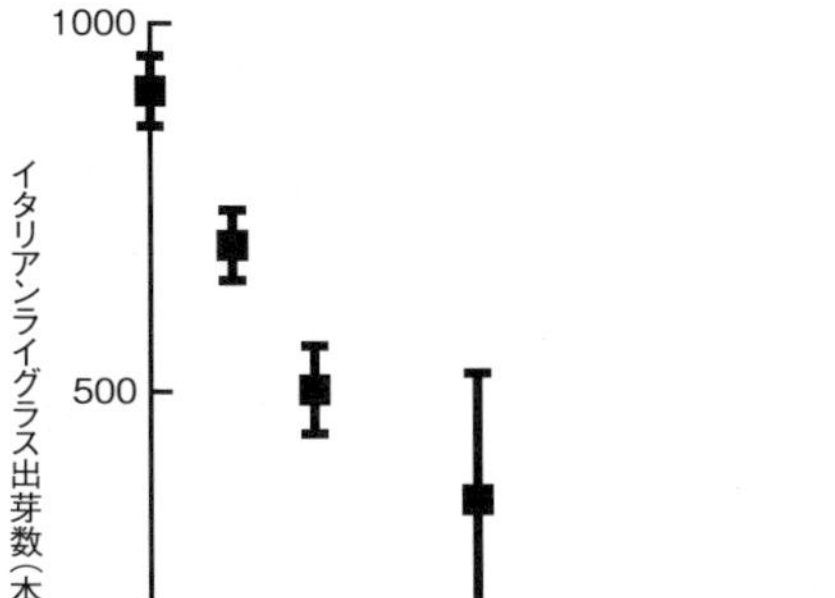

図29　エンマコオロギの個体数とイタリアンライグラスの出芽数の相関
エンマコオロギの数が多いほどイタリアンライグラスの出芽数が減少する

水田畦畔が多いほどコオロギの数も多い

田んぼの中の水田雑草も退治する

コオロギは、田んぼの畦畔のみで暮らしているわけではありません。

田んぼの水を落とすとコオロギは、田んぼの中にも侵入していきます。水田落水後の田んぼの中に雑草の種子を設置してみると、調査を行なった一五メートルの距離までは、種子を食べに来ていました。調査した田んぼの幅が一五メートルだったので、本当はそれ以上の距離まで侵入していると考えてよさそうです。

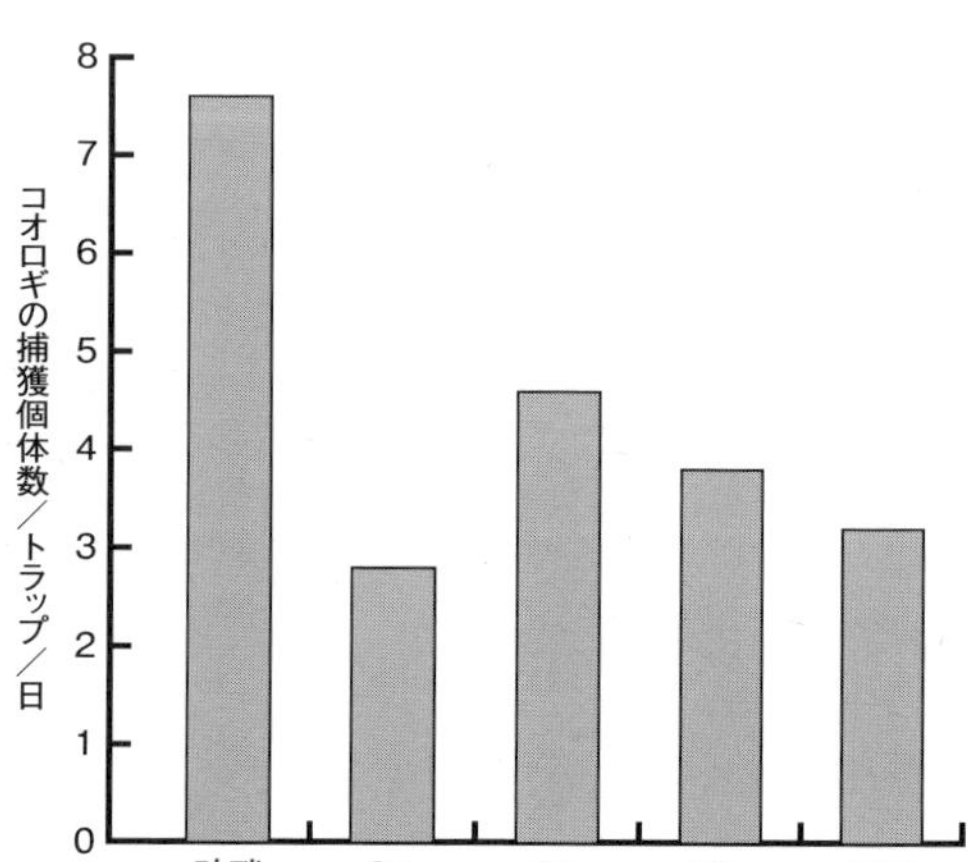

図 30　畦畔からの距離とコオロギの個体数
コオロギは畦畔だけでなく、田んぼの中まで入って雑草の種子を食べている

このことから、イヌビエなど田んぼの雑草の防除にも、コオロギが働いていることが期待されます。

バンカープランツでコオロギを増やす

欧米ではゴミムシが重要な生きものとされています。ゴミムシは肉食の種類と種子食の種類があります。肉食のゴミムシは畑の害虫であるイモムシなどの害虫を捕食してやっつけます。また、ゴモクムシなど種子食のゴミムシはせっせと雑草の種子を食べるのです。

このゴミムシを保全するために欧州では、

畑のまわりにビートルバンクという緑地帯を設けています。ゴミムシは英語では「グラウンドビートル（地上の甲虫）といいます。ビートルバンクは、その名のとおり、ゴミムシなどのビートルの銀行という意味なのです。

日本のコオロギについてもビートルバンクのようなバンクはできないでしょうか。

そこで、雑草抑制用にカバープランツを植栽している畦畔で調べてみると、通常の畦畔に比べて、センチピードグラスやシバザクラ、ヒメイワダレソウなどのカバープランツを植栽した畦畔のほうがコオロギが多くなることがわかりました。

つまり、カバープランツを植栽している畦畔は、計らずもコオロギのバンクの役割をしていたのです。

知られざるコオロギの働き

これらのカバープランツは、畦畔の雑草の発生を抑制することが知られています。

ところがです。ネットで仕切ってコオロギの侵入を妨げてみると、ほとんど雑草を抑えることができませんでした。カバープランツだけでは十分に雑草を抑えることができなかったのです。一方、仕切らずにコオロギが入れるようにしておいた場所では雑草を十分に抑えました。つまり、雑草を強く抑えていたのは、カバープランツの植栽によって集まってきたコオロギの働きによるものだったのです。

植栽したカバープランツと集まってきたコオロギとの相乗効果でイネ科雑草を抑える

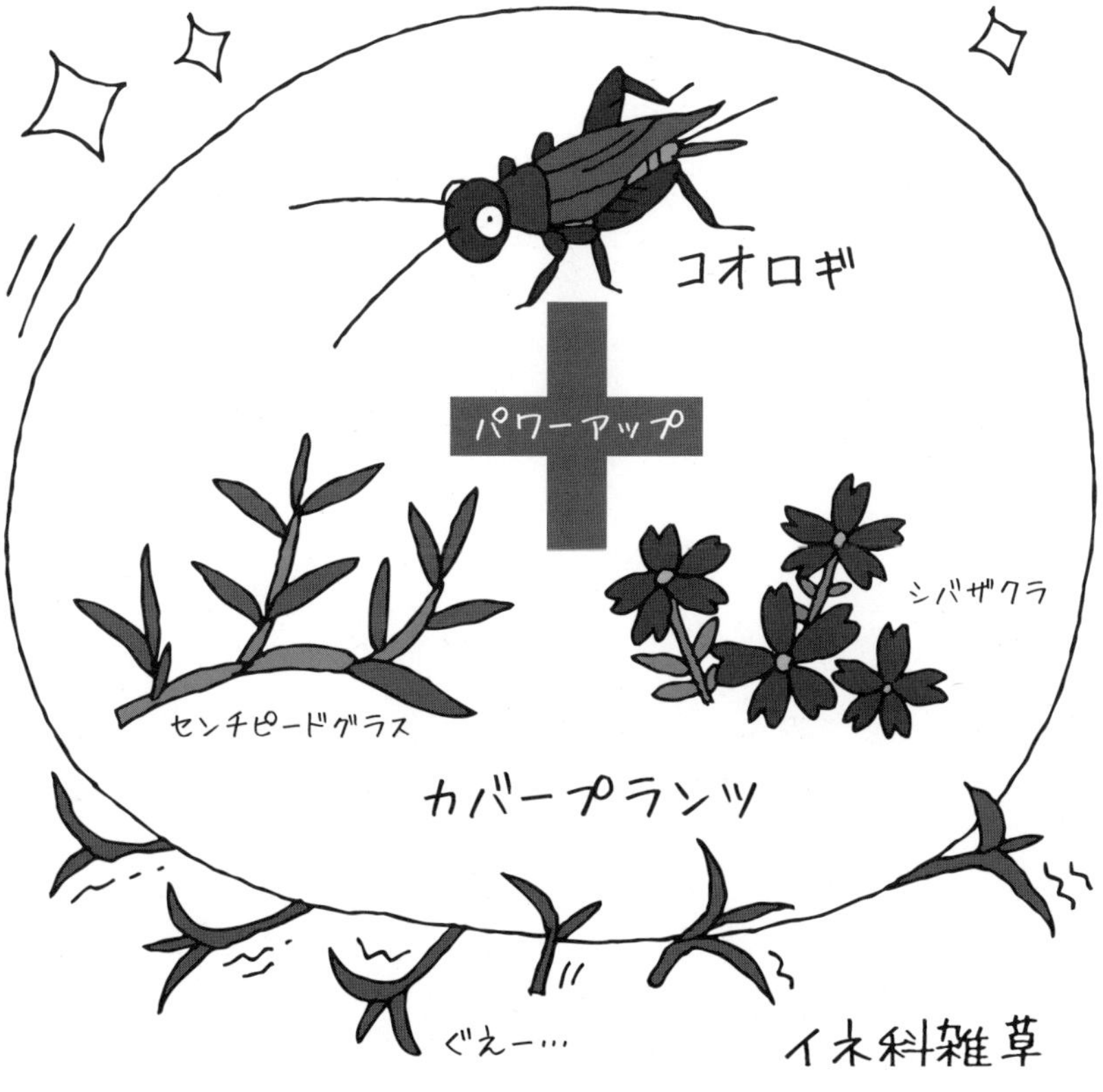

有用生物多様性を高めるには

このようにコモリグモやコオロギを増やすことは有用生物多様性を高めます。

しかし、営農活動を行なう水田だけで天敵を増やすには限界もあります。管理方法を変えることで、生産性に影響を与えることも心配されるからです。

欧米では農地の周辺や畝間などの空いた土地を有効に活用して、天敵を温存していました。

そういえば、日本でも空いている土地があります。耕作放棄地です。

耕作放棄地をうまく活用すれば、天敵の供給基地にすることができるかもしれません。

耕作放棄地の活用については、次の章で考えてみることにしましょう。

ドイツの伝統的景観

ドイツでは空いた土地を有効活用して天敵を温存している

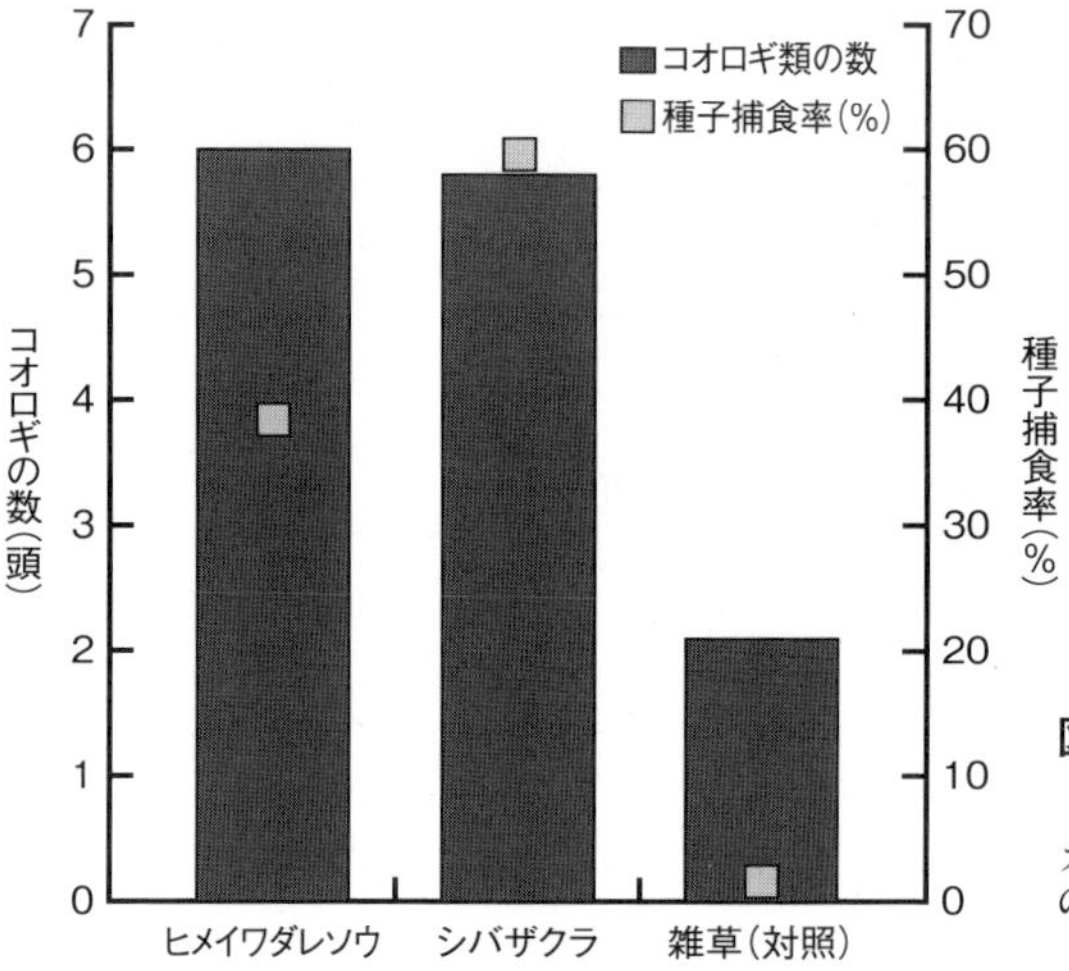

図31　カバープランツ植栽区でのコオロギの数

カバープランツを植栽した畦畔のほうがコオロギが多くなる

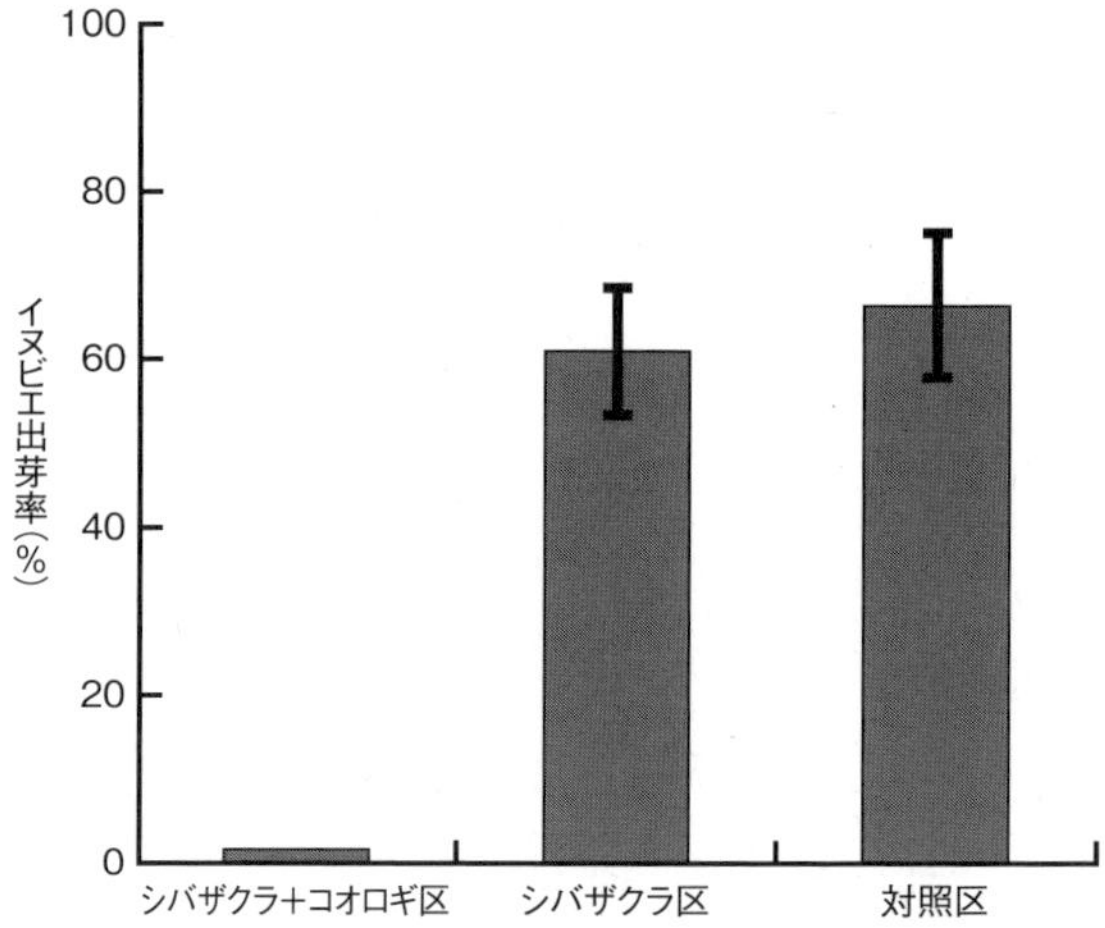

図32　カバープランツ+コオロギの雑草抑制効果

カバープランツ植栽区にコオロギがいると問題雑草は発芽が抑えられる

コラム 農業の役に立つ生きものの調査 ——有用生物多様性を評価する

■調査の目的

農村は、生きものがたくさんいる「生物多様性の宝庫」といわれています。農業を行なううえでは、とかく「害虫」のみが問題になりますが、生物多様性のなかには害虫や雑草の種子を食べる「益虫」や、どちらでもない「ただの虫」もいて、これらの全体のバランスを整えていくことが重要となります。そこで、たくさんの生物多様性のなかから、農業に役に立つ生物を指標として「有用生物多様性」を評価します。

■調査の対象

①コモリグモ類

クモは害虫を食べる「天敵」で、特に水田内では歩き回って餌を捕食するコモリグモ類がウンカやカメムシなど水稲害虫を食べます。

水田内を歩き回るコモリグモ

②コオロギ類

最近の研究により、静岡県の水田地帯においてはコオロギが雑草種子を多く食べていることがわかっています。

種子を食べ雑草を抑えるコオロギ

■調査の方法

①払い落とし法

イネの株元にバットを用意し、イネ株の下部を３〜４回ほど叩いてイネ株にひそんでいるコモリグモなどの生きものをバットに落とします。

イネ株の下部を叩いて生きものをバットに落としているところ

②昆虫トラップ法

昆虫トラップをほ場に設置し、ゴミムシ類やコオロギ類およびコモリグモ類を捕獲します。

地面を這う昆虫を捕まえるトラップを仕掛けているところ

Ⅳ　生きものの力をブランドにする

田んぼの生きものをブランド化に活かす

生きものがたくさんいるということは、その田んぼの環境が良いことを示す指標になります。

そこで、農薬や化学肥料の使用を控えたり、生きものが増える工夫をしたりすることで、生きものとの共生をブランド化していこうという取り組みがあります。

代表的なものとしては、兵庫県豊岡市の「コウノトリ育むお米」や新潟県佐渡市の「朱鷺と暮らす郷」米が有名です。

兵庫県豊岡市の「コウノトリ育むお米」のラベル

新潟県佐渡市の「朱鷺と暮らす郷」米のラベル

生きものブランド米は、全国各地でさまざまな取り組みが行なわれています。

これらの生きものブランドは、絶滅危惧種や特別な生きものがいないとできないものなのでしょうか。

けっしてそうではありません。メダカやドジョウなど、さまざまな生きものが、生きものブランド米のシンボルとなっています。

価値を伝えることが大切

しかし、生きものを守り、生きものの名前さえ冠すれば、お米が高く売れるようになるかといえば、そんなことはありません。

私たちの消費者アンケート調査の結果では、「生きものがいる田んぼで作ったお米をぜひ食べたい」と回答したのは、わずか二〇％でした。

それどころか、棚田のお米さえ、購入したいという人は少なかったのです。

ところが不思議なことに、「水のきれいな田んぼ」や、「天日干しの米」、「生きものがいる田んぼ」、「美しい風景のなかで作った米」は、いずれも棚田の米よりも人気が高い結果となりました。きれいな水や天日干しや、美しい景色や生きものは棚田にすべてそろっています。それなのに、どうして棚田のお米は評価が低かったのでしょうか。

おそらく消費者の多くの人は「棚田」というものを十分には知らず、その価値をイメージできなかったのではないかと私たちは考えています。そのため、棚田の価値である「きれいな水」や「美しい景観」「生きもの」を個別に示したほうが、消費者は評価をしたのはないでしょうか。

「棚田」や「生きものがいる田んぼ」が、それだけで価値があると思うのは、私たち農業に携わる側の人間の思い込みです。

　棚田とは何か、生きものがいるということはどういうことなのか、ということをていねいに説明し、その価値を伝えていかなければならないのです。

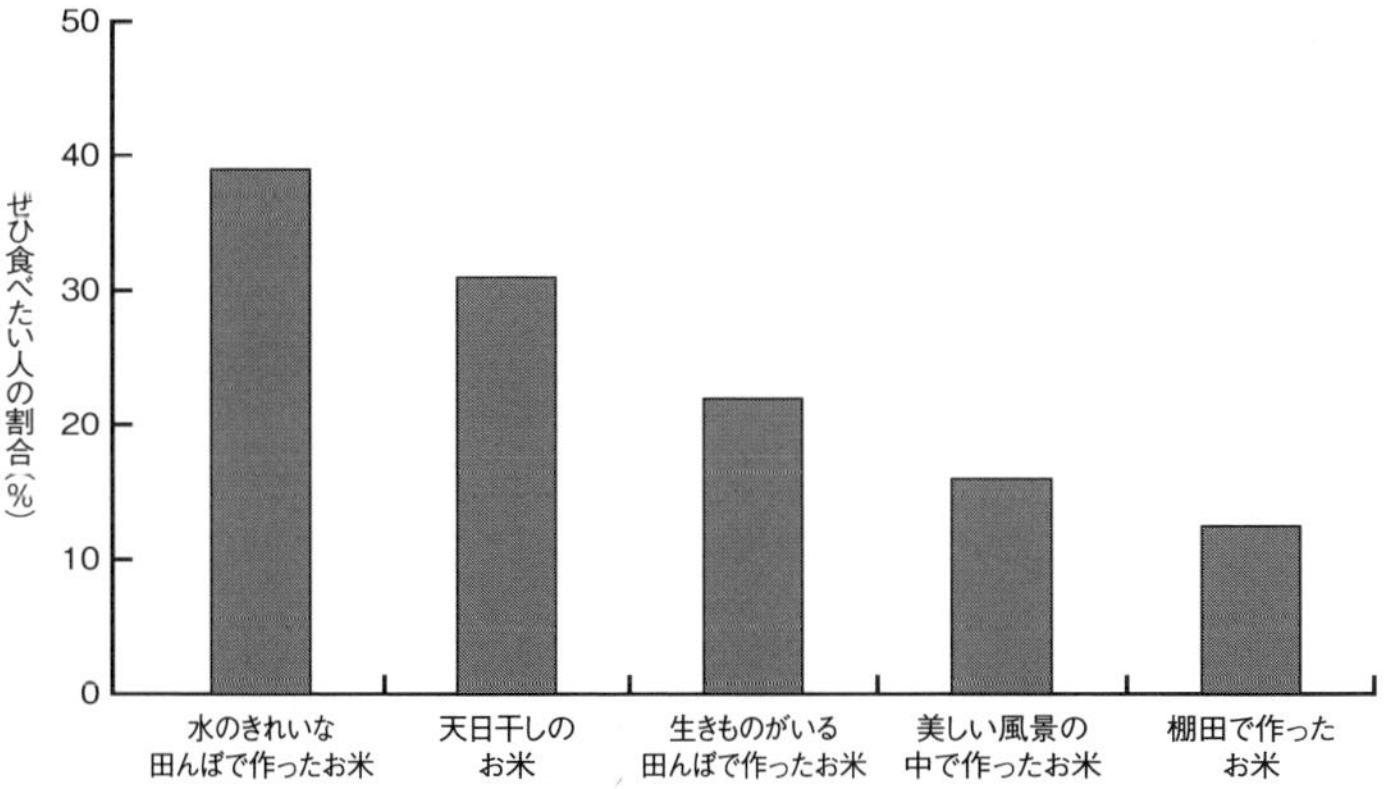

図33　環境保全米を食べたい人の割合
「棚田」や「生きものがいる田んぼ」の価値を伝えていかないと、食べたいという志向にはつながらない

コミュニケーションツールとしての田んぼの生きもの

「百聞は一見に如かず」という言葉があります。

　生きものの価値を伝えるのに、もっとも良い方法は、実際に生きものを見てもらうことです。

　確かにコウノトリやトキなどの特別な生きものに比べれば、ありふれた生きものばかりかもしれません。生きものがいるというだけで、米の価値があがるということはないかもしれません。

　しかし、消費者が田んぼにやってくると田んぼの価値は一変します。タイコウチのいる田んぼや、ドジョウのいる田んぼを消費者や子どもたちは喜びます。

　そして、生きもののいる田んぼが自慢の田んぼになるのです。

　消費者や子どもた

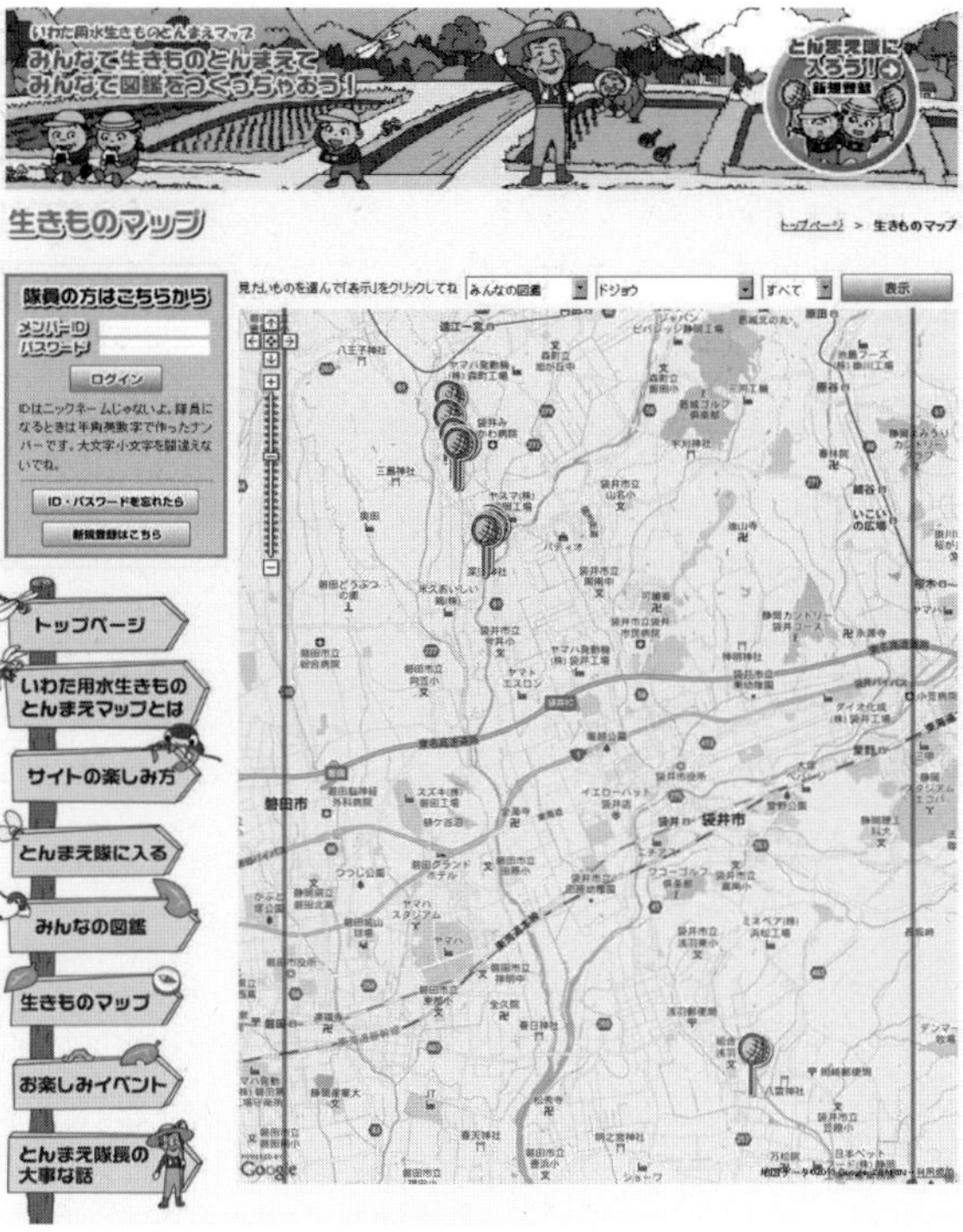

田んぼの生きものとんまえマップ
磐田用水東部土地改良区では子どもたちが参加して生きもの調査を行ない、その結果をネット上の「とんまえマップ」に掲載している

田んぼの生きもの調査
親子で田んぼの生きものを見つけ、その結果を「田んぼの生きものとんまえマップ」に反映させる（写真：磐田用水東部土地改良区）

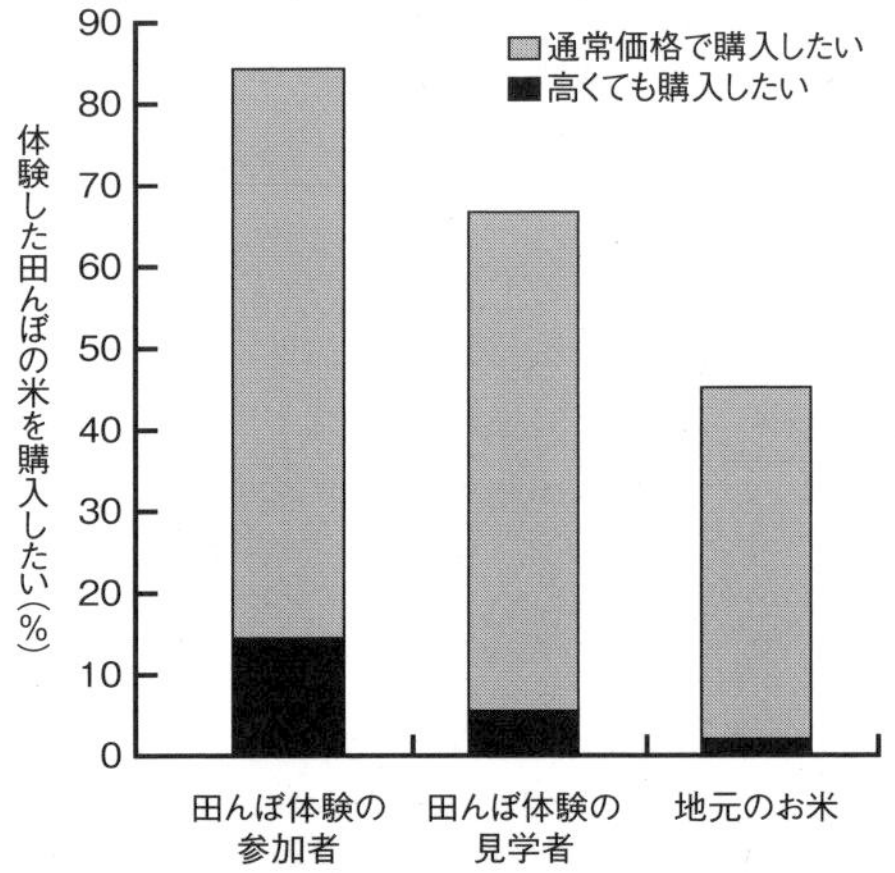

図 34　体験した田んぼの米を購入したい人の割合
自分で体験した田んぼのお米は食べたいという人が多い

ちにとっては、生きものがいる田んぼは魅力的です。そのため、静岡県では、消費者や子どもたちを田んぼに招き、田んぼの生きものを田んぼの魅力を伝えるコミュニケーションツールとして利用している例が見られます。

　静岡県袋井市の磐田用水東部土地改良区では、親子で田んぼの生きものを見つけるゲームをしながら、田んぼの生きものマップを作る取り組みをしています（その後、ＮＰＯ法人みらいアースに活動を引き継ぎ）。そして、地域でとれたお米を「生きものとんまえ」というブランド化にしています。「生きものとんまえ」というのは、静岡県西部地域の方言で「生きものをつかまえよう」という意味です。

　また、静岡県浜松市の細江地区では、お米屋さんを通じて消費者と農業体験や生きもの調査をしています。この地域で作られたお米は「舞姫」というブランドで消費者に好まれています。

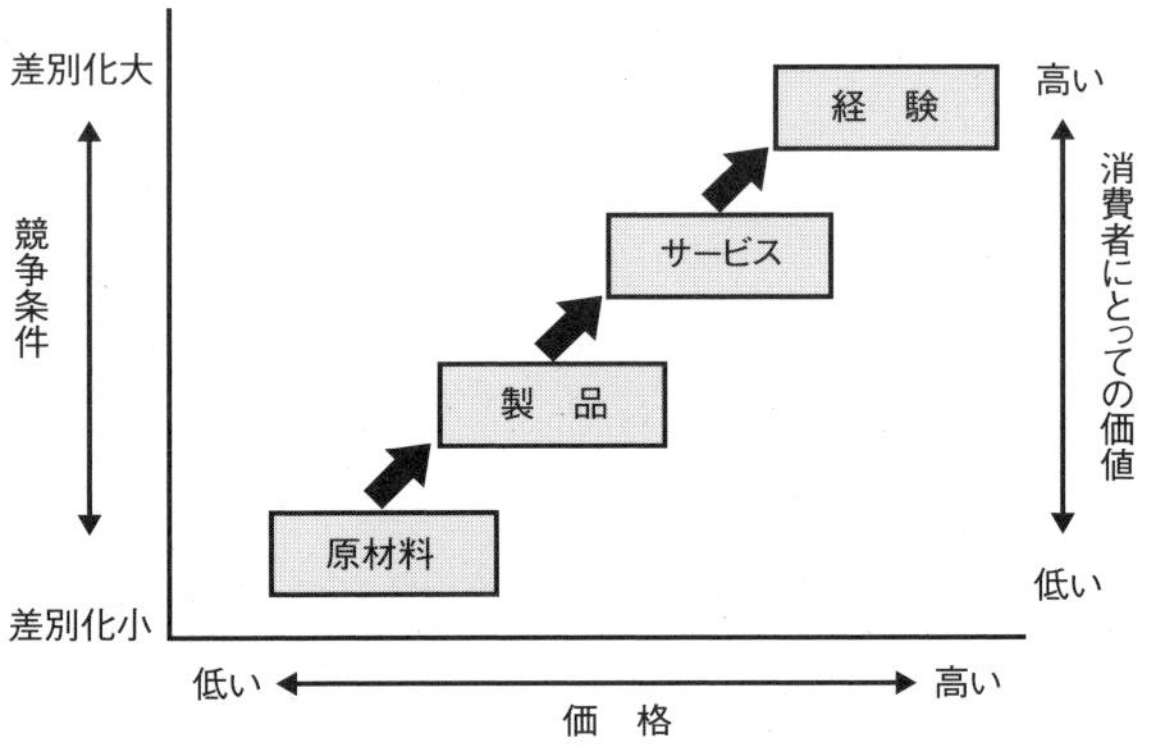

図 35　経済価値の進展
（ＢＪパインⅡ・ＪＨギルモア 2005 より作図）
原材料が製品に加工されたり、サービスとして提供されたり、さらに製造を体験したりしてモノの差別化がすすむと、消費者にとってのモノの価値が高まり、価格が高くても受け入れられる

関係性がブランドになる

　このような田んぼの生きもの調査は、地域に何をもたらすのでしょうか。

　私たちが県内各地の田んぼの学校や農業体験の参加者に調査した結果では、参加者の多くが、その田んぼでとれたお米を買いたいと答えました。そして、二割くらいの人は、高くても購入したいと言ったのです。

　また、子どもたちが農業体験に参加した場合、それを見学していただけの大人もまた、その田んぼでとれたお米を買いたいと回答したのです。

　モノの豊かな現代では、人々が求める「体験価値」がマーケティングの世界で注目されています。人々は自分が体験したこと、共感したこと、感動したことに価値を認めます。

　田んぼには多くの体験があり、感動があります。考えてみれば田んぼは体験価値の宝庫です。そんな田んぼでの体験が、田んぼの魅力や米の価値を人々に雄弁に伝えるのです。

シンボルとなる生きものは自分たちの手で

　私たちの研究チームには、田んぼの生きもの調査の依頼がよくきます。

　田んぼの生きもの調査は、専門家や生物に詳しい人が行なうことが多いようです。確かに一般の人が図鑑とにらめっこをしても、な

体験した田んぼでとれたお米なら買いたいという消費者は多い

かなか生物名はわかりません。

しかし、専門家がいないと田んぼの生きものの調査ができないというわけではありません。

私たちがある地域で田んぼの生きもの調査をしたとき、田んぼの畦畔に棲むとても希少な絶滅危惧種のゴキブリが見つかりました。静岡県ではじめて記録されたとても珍しいゴキブリです。研究者の立場から言えば、この調査結果は極めて価値の高いものです。

しかし、地元の人たちにとって、希少なゴキブリの発見がそれほど価値のあるものでしょうか。あるいは、消費者にとって重要なことでしょうか。

「内なる生物多様性」の重要性

これまでの生物多様性は、研究者や専門家によって評価されてきました。地域点検やモニターによって評価される地域の価値もまた、地域の外の有識者によってもたらされました。もちろん、そのような科学的な価値や学術的な評価は重要です。

しかし、地域の価値はそれだけではありません。むしろ地域の人たちが大切に思っている価値のほうが、重要だと私たちは考えています。

ゴキブリが見つかった地域の人たちは、田んぼにドジョウがいたことを喜びました。ドジョウはどこにでもいる珍しくない生きものです。しかし、地域の人たちにとっては、ドジョウがとても大切な生きものだったのです。

ある地域の人たちはタモロコという魚を二種類に分けていました。図鑑ではどちらもタモロコです。しかし、その地域では昔からタモロコを呼び分けていたのです。

ある地域の子どもたちは草相撲をするタンポポの花茎をいくつかに呼び分けていました。図鑑の名前はセイヨウタンポポでどちらも同じものです。しかし、子どもたちにとっては別ものなのです。

図鑑の名前や学術的な評価が大切なわけではありません。地域の人たちには地域の人たちなりの見方や付き合い方によって、地域の生きものたちとともに暮らしているのです。

ドジョウ
田んぼの代表的な生きもののドジョウ。ありふれていても、地元の人たちにとっては価値ある生きものだ

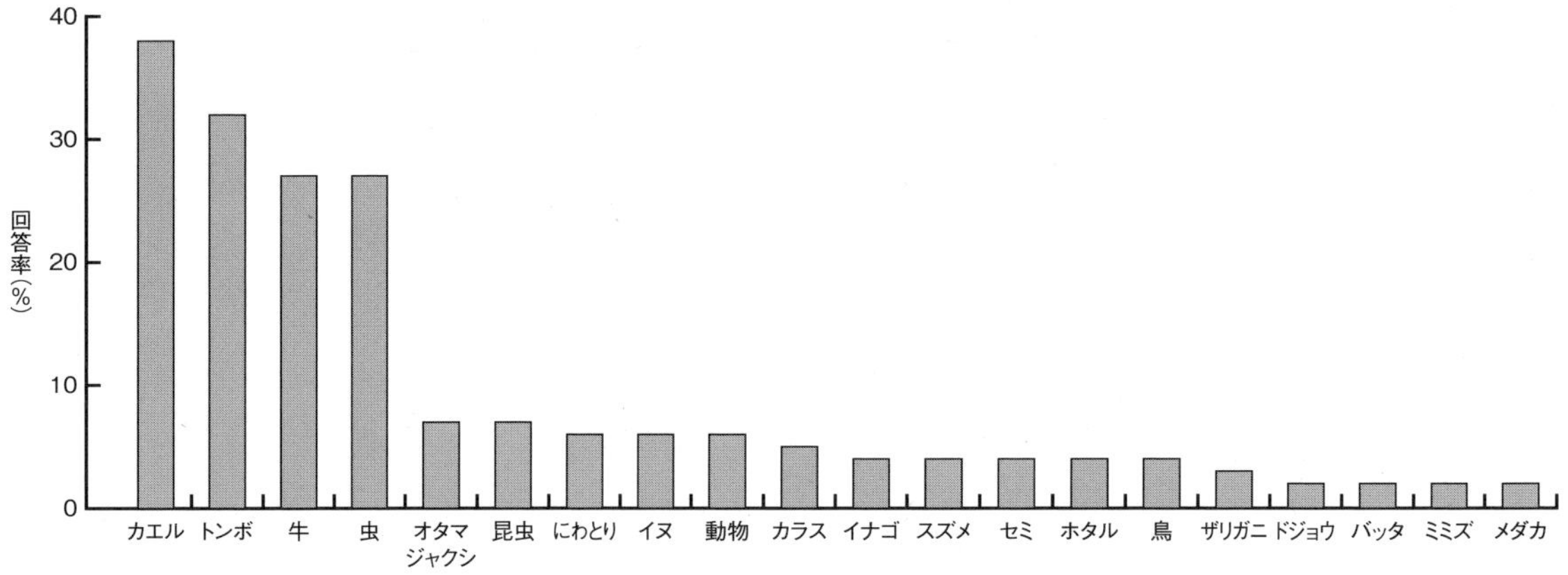

図 36 「農村」からイメージする言葉のなかに登場した生きもの（東京・静岡、男女 2000 名の調査）
農村のシンボル的な存在としてカエルを挙げる人が多い

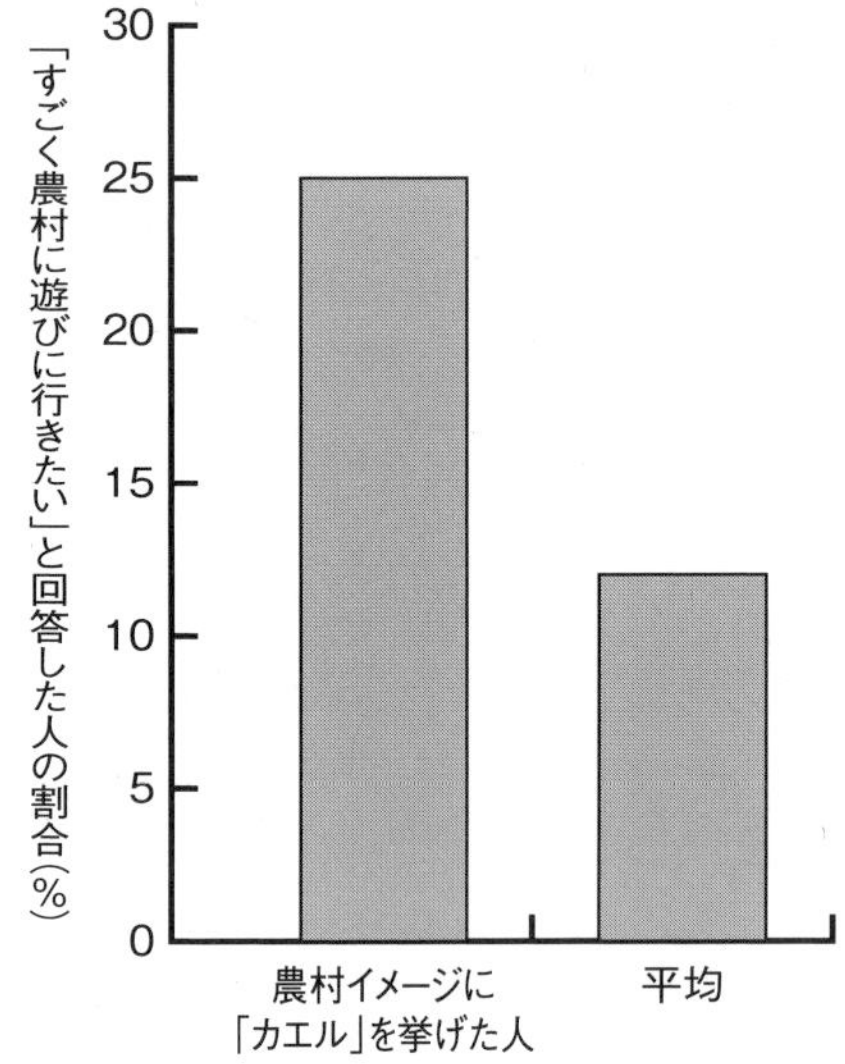

図 37 「すごく農村に行きたい」と回答した人の割合
農村イメージに「カエル」を挙げた人は、「すごく農村に行きたい」人が多い

どこにでもいる生きものでも、ありふれた生きものでも構いません。

地域の人たちが物語を語ることができるものがあるとすれば、それが地域のシンボルの生きものとなるでしょう。そして、学術的でなくても正確な名前でなくても、地域の人たちが地域の人たちの認識で調査をすれば、それは立派な田んぼの生きもの調査なのです。

ふつうの生きものに価値はないか？

生きもの調査に、本当に特別な生きものは必要ないのでしょうか。

私たちの行なったアンケート調査で、「農村からイメージするものを挙げてください」という設問への回答で、一番多かった生きものは、何だと思いますか？

それは「ホタル」でも「メダカ」でもなく、「カエル」でした。カエルは農村のシンボル的な存在だったのです。

また、農村のイメージのなかに「カエル」を挙げた人は、「すごく農村に遊びに行きたい」と回答する人が多い傾向にありました。なかには苦手な人もいるかもしれませんが、カエルというのは農村をイメージさせる存在なのです。

カエルを調査する。それだけで消費者は農村のすばらしさを感じることができるのです。

そこで次のページでは、カエルだけを調査するもっとも簡単な生きもの調査の方法を紹介します。

V　田んぼの環境を評価する

カエルの調査

一番かんたんな田んぼの生きもの調査

各地で田んぼの生きもの調査が行なわれています。

田んぼの生きもの調査は、地域の環境を点検し、地域の人たちが田んぼの自然環境を見つめる機会となるだけでなく、地域を担う子どもたちや、地域農業の応援団である消費者に、田んぼの自然環境を体感してもらうよい機会です。

しかし、田んぼにはさまざまな生きものがいるので、本格的な調査は、専門家がいないとなかなか難しいことも事実です。

そこで、私たちは専門的な知識がなくてもできる「かんたんな田んぼの生きもの調査」を提案しています。

そもそも生きもの調査に参加する子どもたちや消費者にとっては、学術的な調査結果が必要なわけではありません。たくさんの生きものがいるということを目の当たりにし、田んぼの恵みを体感することができれば、それで十分なのです。

とはいえ、せっかく調査をするのであれば、少しはデータになるようなものも取りたいところです。継続的にデータを取っていれば、地域の環境の変化を知ることもできます。

そこで、私たちが提案しているのは、カエルの調査です。

生きものの指標としてのカエル

私たちが調査対象としてカエルにしたのは、次の五つの理由があります。

①何よりわかりやすい

カエルを知らない人はいません。オタマジャクシを知らない人もいません。誰でも知っていてわかりやすいというのが、第一の理由です。

②水環境の指標

水と陸とを行き来するカエルは、農地の土と水の両方の影響を受けます。特にカエルは皮ふが透過性をもち敏感なので、水質の影響を受けやすいという特徴があります。そのため、カエルは水環境の健全性を示す指標となるのです。

③害虫の天敵

虫を餌とするカエルは、害虫を捕食する天敵として、古くから知られています。江戸時代の農書『農稼録』（愛知県飛島村、日本農書全集二三巻より）には、イネの若苗の害虫を駆除しようと、子どもたちに捕まえさせたカエル二、三百匹を田んぼに放して、みごとに駆除に成功したことが紹介されているほどです。

また、私たちが参加した農水省の研究プロジェクトでも、農業に有用な生物としてカエルを重要な生物指標と捉えています。

④生物多様性の指標

カエルは小さな虫を餌としています。そのため、虫が豊富だとカエルの数が増えます。また、カエルが多くなれば、それを餌にするサギなどの鳥類が増えます。

虫は種類が多く、小さいため、種類を見分

けるのが難しく調査が大変です。一方、鳥は行動範囲が広いため、いつでもそこにいるとは限りません。そのため、生きものの豊かさを表わす指標として、食物連鎖の中間にいるカエルはもっとも調査がしやすい指標なのです。

⑤環境保全型農業の指標

どんな種類のカエルが多いかは、地域の立地条件などによって異なりますが、カエルの数が多いかどうかは、環境の良さが関係しています。

静岡県内の六地域で調査した結果、環境保全型農業を実践している田んぼでは、慣行農法に比べてカエルの数が多い傾向にありました。カエルは、環境保全型農業の効果を表わす指標でもあるのです。

カエル調査のしかた

まず、地域のシンボルとなるカエルを決めます。

静岡県の例では主に74ページの四種類のカエルを対象としました。

これ以外にも田んぼでは、アカガエルの仲間やシュレーゲルアオガエルが見られます。しかし、これらのカエルは、土の中にいるので姿を見ることが難しいカエルです。

そのため、アカガエルの仲間やシュレーゲルアオガエルは、卵塊を調査します。

また、シュレーゲルアオガエルの場合は、鳴き声の調査を行ない、集落のどの田んぼでシュレーゲルアオガエルが聞こえるか、調べてみるとよいでしょう。

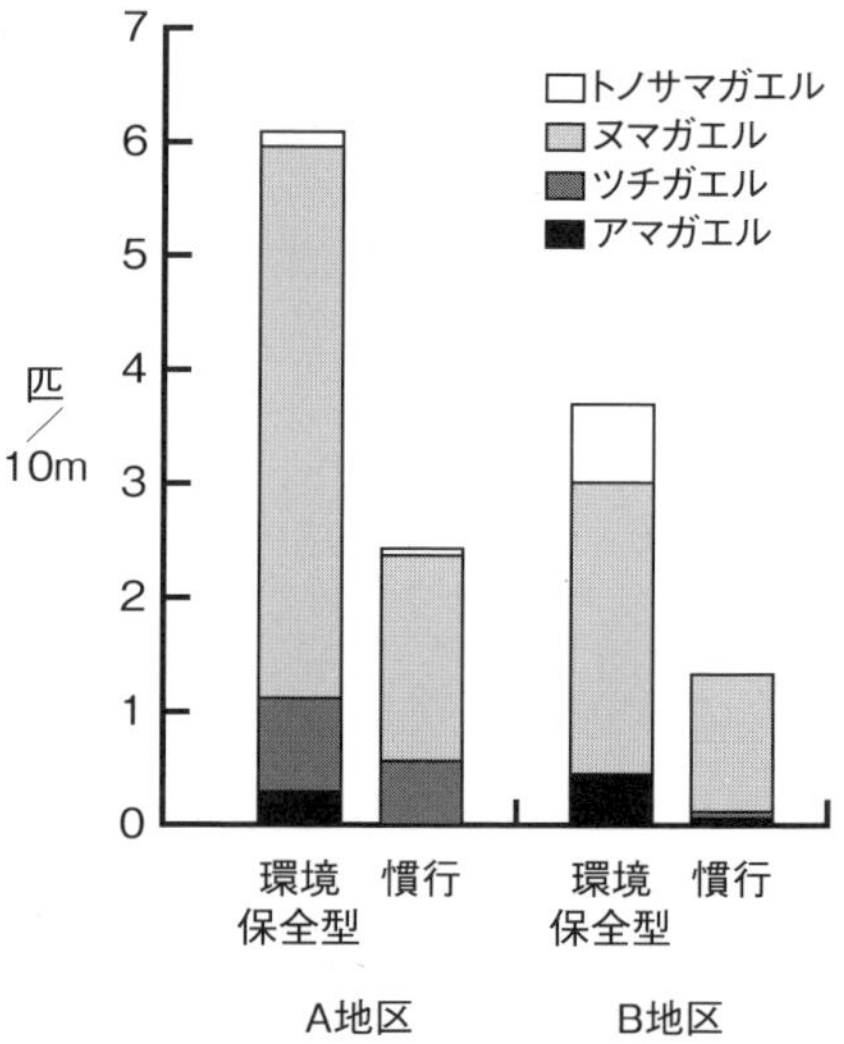

図38　農法によるカエルの生息数の比較
環境保全型農業を実践している田んぼは、慣行農法の田んぼに比べてカエルの数が多い

カエルが指標種として適当な理由は

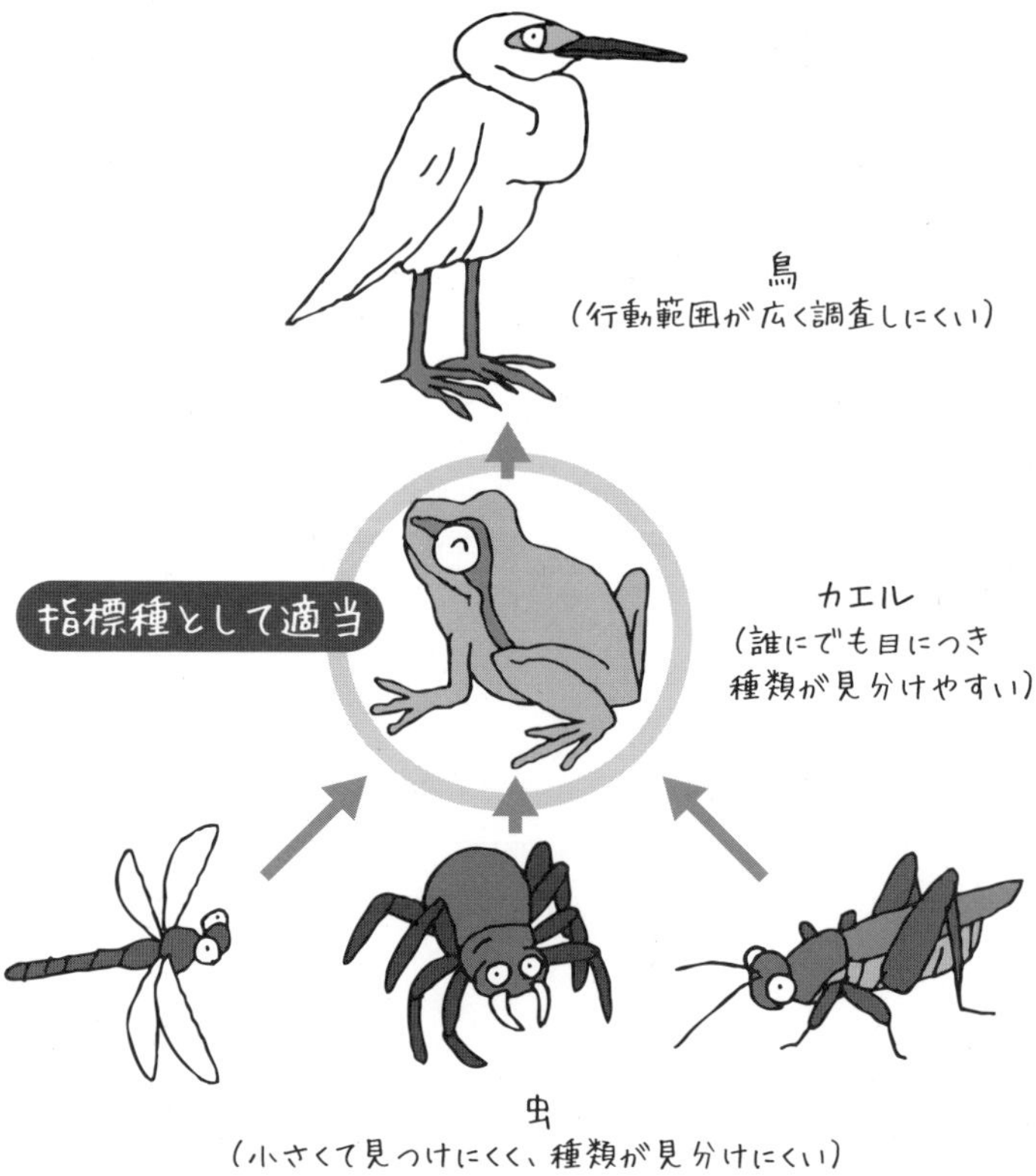

田んぼの生きものの調査から生きものの保全へ

このような簡易での方法も含め、田んぼの生きもの調査は各地で行なわれています。それによって、最近では田んぼの生きものの多様性について、かなり一般に認識されるようになってきています。

では、田んぼにはいったい、どれくらいの生きものがいるのでしょうか?

ＮＰＯ生物多様性農業支援センターの調査によれば、田んぼの生きものはおよそ四七〇〇種もリストアップされました。こんなにもたくさんの種類の生きものが、イネといっしょに田んぼで育っていたのです。

田んぼの生きものを大切にする稲作は、単に農薬や除草剤を減らすだけではありません。

たとえば、イネの分げつを抑えるために夏場に水を落とす中干しは、水の中に生きるヤゴやオタマジャクシの命を奪います。そこで、ヤゴが羽化して飛び立ち、オタマジャクシがカエルとなって陸にあがるまで中干しを行なわずに待つという生きもののための農法に取り組んでいる地域があります。

また、メダカやナマズなど田んぼに遡上する生きものが、水路と田んぼを行き来できるように魚道を設置する試みもあります。

また、田んぼ全体や田んぼの一部を生きものが棲むビオトープとして整備することも行なわれています。こうして田んぼは、生きものとのつながりを取り戻しつつあるのです。

休耕田を活かして、水田域を生きものの宝庫に

ドイツの遊休地の実態を調査したエックハルト・ジェティクは遊休地をこう評価しています。

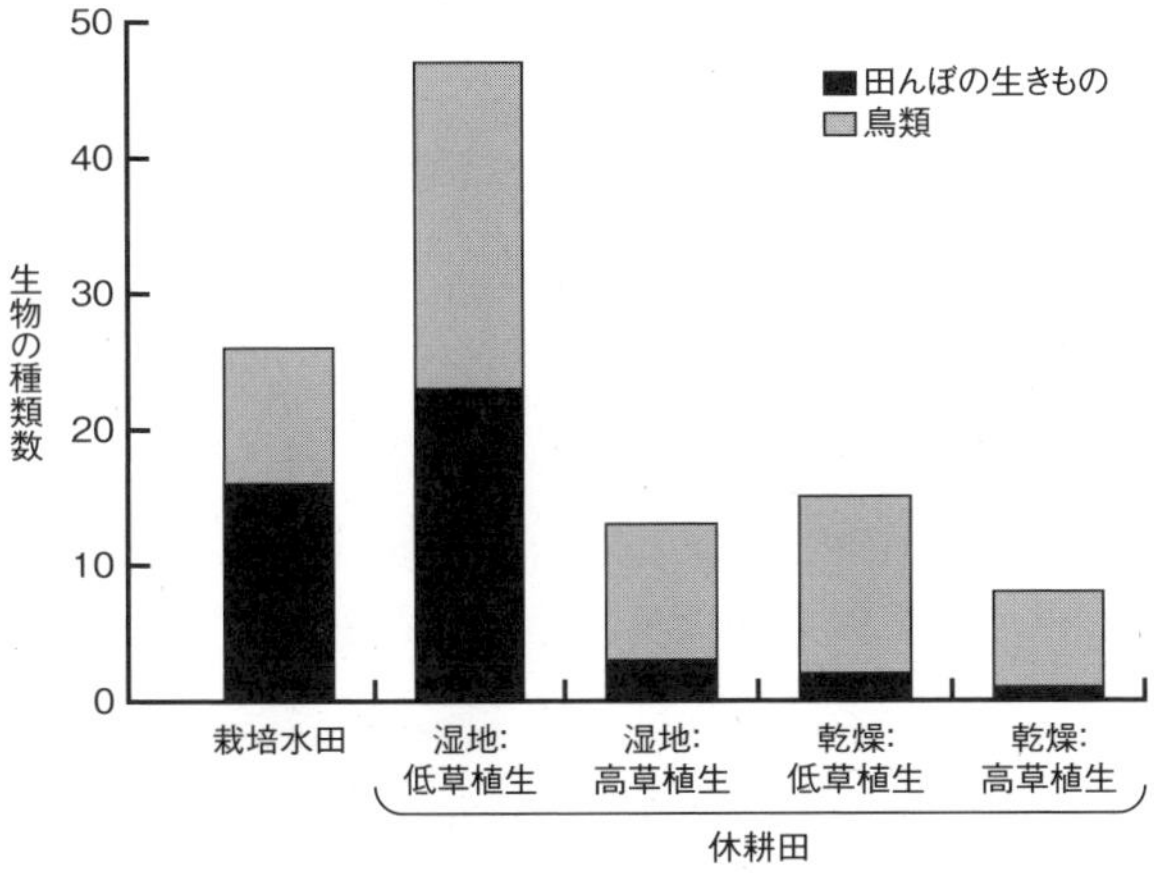

図39　休耕田での害虫発生数
休耕田では湿潤度や草丈によって生きものの種類に大きな差が出る

「遊休地は、マイナスの意味をもった言葉です。しかし、『荒れている』という烙印を押すことは、どんなに努力してもできません」

じつは彼らの調査の結果、ドイツの遊休地は、さまざまな動植物の生息地となっていることが明らかとなったのです。

日本でも、耕作放棄地が貴重な動植物の生息地として機能していることが知られています。そのため、営農を行なわない水田を調整水田や保全管理水田として維持することによって、生きものたちの棲みかを創出する取り組みも各地で行なわれています。

営農活動を行なう水田では、イネの栽培が優先されるために、どうしても生きものとの共存が難しくなる場面も出てきます。しかし、休耕田を活用するのであれば、田んぼの生きもののことを考えた管理が可能となるのです。

しかし、休耕田を活用したビオトープで生きものが増えるのはよいですが、一方で害虫の発生が心配になります。実際に、管理の行き届かない休耕田では、害虫の発生源となっている例も少なくありません。

では、休耕田をどのように管理すればよいのでしょうか。次の章で考えてみることにしましょう。

調査の対象とするカエル

水田にもっとも普通に見られる4種を調査対象とします。

アマガエル

シュレーゲルアオガエルに似ていますが、本種は眼の前と後ろに黒い筋があることで見分けることができます。

トノサマガエル

オスは茶褐色から緑色までさまざまですが、メスは灰白色から暗灰色をしていて、背面に連続した黒い斑紋をもちます。県によっては絶滅危惧種に指定されている例もあります。

ツチガエル

体色は茶褐色で、背面には多数のイボ状の突起があります。ヌマガエルに似ていますが、イボ状の突起がより大きく、腹面には多数の黒い斑紋があることで区別できます。他県では絶滅危惧種に指定されている例もあります。

ヌマガエル

背面には小さなイボ状突起があります。ツチガエルに似ていますが、イボ状の突起が小さく、腹面は白色であることで区別できます。

調査の方法

①畦畔を歩きながら、畦畔および畦畔際の水面を観察して、見つけたカエルの種類と頭数を記録します。同定の難しいものは、たも網で捕獲して調べます。
②記録する際は越年個体（大・中型個体）と当年個体（小型個体）を分けます。
③10m（あらかじめ点数で測れるようにしておく）×田んぼのそれぞれの辺（4カ所）について行ないます。

調査のポイント

□どんな種類のカエルが一番たくさんいるか調べよう。
□カエルのたくさん棲む田んぼはどこか調べよう。
□時期をかえて田んぼを調査してみよう。

■ツチガエルとヌマガエルの相違点

調査対象とした4種のカエルのうち、ツチガエルとヌマガエルの判別が難しいとされていますが、特徴的な腹部の観察を行なうことによって、判別が可能となります。

体の大きい成体の場合、ヌマガエルのほうがイボは小さく、デコボコというよりヌメっとした皮膚の質感になります。そのことから、腹部を見なくても、ある程度の判別が可能です。また、ヌマガエルには背中に1本筋が入っている個体が多くあります。

ヌマガエル（左）とツチガエル（右）

◀背中の突起はツチガエルのほうが多い

ツチガエルのおなかは斑模様。ヌマガエルは白い ▶

■その他のカエルの調査

シュレーゲルアオガエル（右下、右側の写真は卵塊）

土の中にいることが多く、姿を見ることが難しいため、鳴き声と畦際の卵塊を調査します。

アカガエル類（左下、右側の写真は卵塊）

水溜りなどの卵塊を調査します。

第3章

耕作放棄地を地域の力に

Ⅰ　営農のサポート役

耕作放棄地をチームの一員に

耕作放棄地が解消され、イネや野菜が栽培されれば、こんなに良いことはありません。しかし、耕作放棄地には、それなりの理由があります。生産性が低かったり、労力不足で作物を栽培することができなかったりする耕作放棄地もたくさんあることでしょう。

耕作放棄地問題を、放棄されたほ場だけの問題として解決しようとすると、難しいものがあります。耕作放棄地は、たとえれば、実力の伴わない控えの選手に過ぎないからです。

地域として考えた場合、耕作放棄地は今や無視できない存在です。しかし、「地域」を一つのチームとして考えてみればどうでしょうか。グラウンドでプレイするレギュラー選手ばかりでなく、ベンチから大きな声で声援する控えの選手だって、チームの勝利には貢献しているチームメイトです。

耕作放棄地も同じです。

耕作放棄地そのものが、営農を行わなくても、チームの一員として、地域の営農をサポー

**耕作放棄地はチームの控え選手としてベンチで大きな声を張り上げる
サポート役**

耕作放棄地を活用する３つのステップ

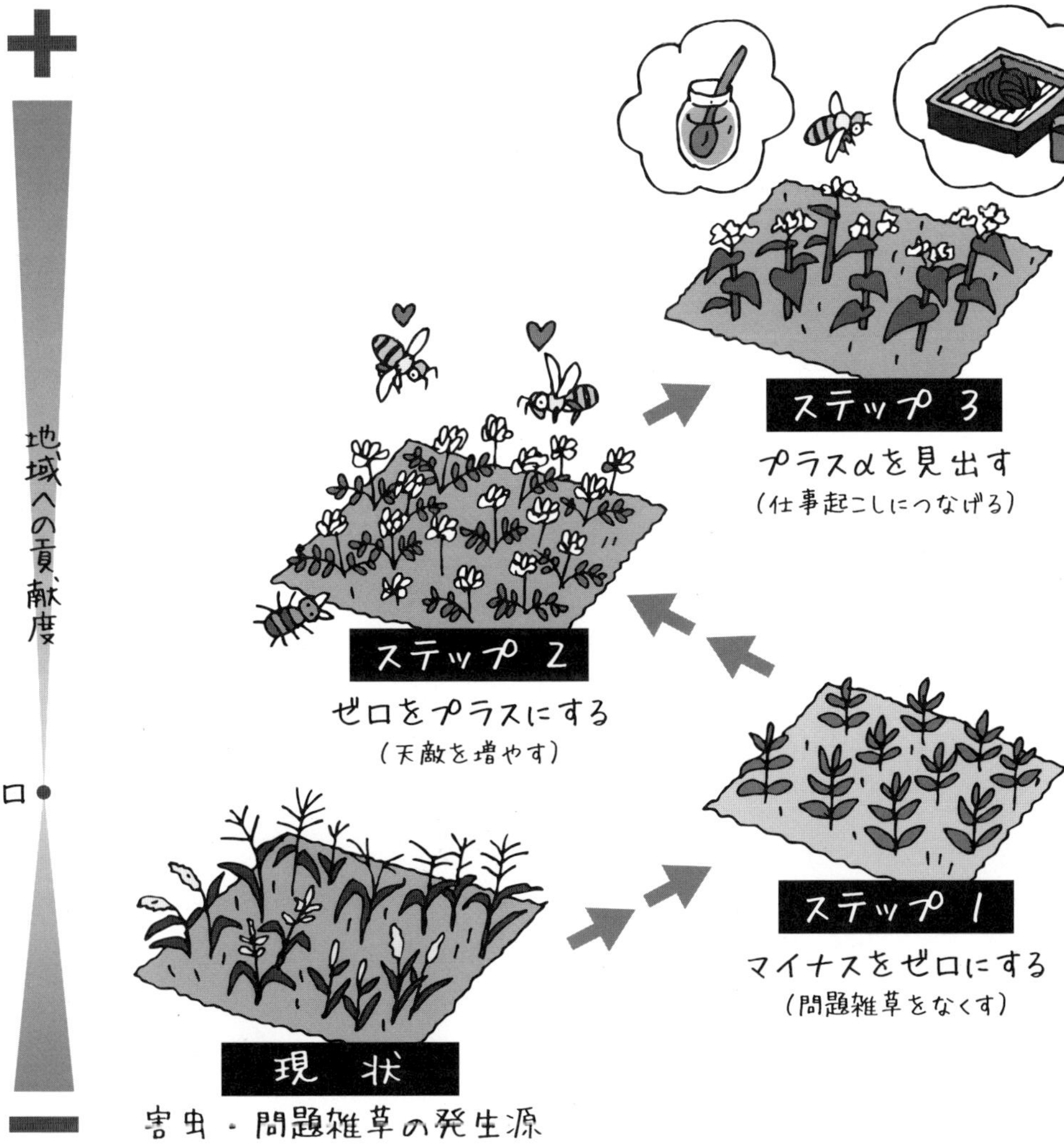

トしてもらうことはできないでしょうか。

耕作放棄地を活用する三つのステップ

地域の一員として耕作放棄地を位置づけるうえで、私たちは次の三つのステップを考えました。

①マイナスをゼロにする

②ゼロをプラスにする

③プラスαを見出す

マイナスをゼロにするというのは、まず地域に迷惑をかけないということです。耕作放棄地は害虫の発生源になるとされています。また、見た目にもよくありません。このようなマイナスをまず、なくすことが、最初のステップです。次はゼロをプラスにします。

すでに紹介したように、欧米では害虫を退治してくれる天敵を温存するために、わざわざ作物を植えない場所を設けています。耕作放棄地もうまく管理すれば、天敵の供給基地とすることができないでしょうか。

そして、最後は「プラスαを見出す」です。地域の中で考えてみれば、営農活動をしていない耕作放棄地は、余力と見ることもできます。営農している農地ではできない、さまざまな取り組みに活用できるかもしれません。

Ⅱ　マイナスをゼロにする

耕作放棄地は害虫の発生源か?

耕作放棄地は害虫の発生源として、よく問題にされます。それでは、実際にはどのような害虫が問題となるのでしょうか。

ところが、実際に耕作放棄地の昆虫を調べた例は多くありません。そこで実際に、耕作放棄地に見られる害虫を調査してみました。

まず、静岡県中西部地域に見られる一一四地点の耕作放棄地に生えている植物の種類から、耕作放棄地をグループに分けました。そして、二つの地域について、グループごとに調査地点を設定して、捕虫網で植物についている虫を採集するスィーピングという方法で、耕作放棄地に生える植物についている虫を調査しました。

その結果、フタオビコヤガやコブノメイガなどのガの幼虫や、セジロウンカやヒメトビウンカなどのウンカの仲間は、田んぼに比べて、耕作放棄地のほうが、発生が少ない傾向にありました。

耕作放棄地での発生が問題になったのは、やはり斑点米カメムシです。

耕作放棄地のイネ科雑草が、斑点米カメムシの発生源になっていました。

どのような雑草が問題になっているか、植物ごとに調べてみると、特に湿った耕作放棄地に生えるイヌビエが、斑点米カメムシの発生源として問題になっていました。

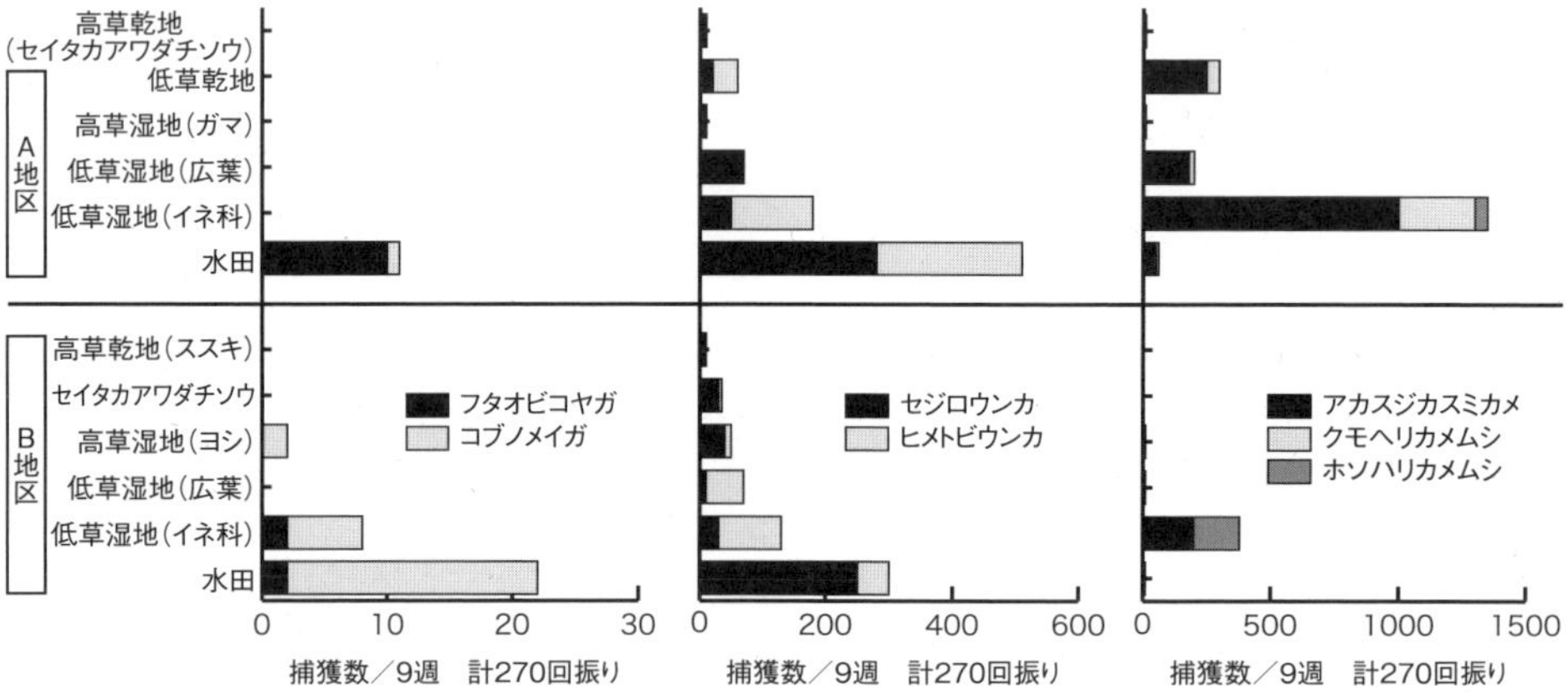

図 40　耕作放棄地と水田の害虫の発生状況の比較
害虫の発生は耕作放棄地よりも水田のほうが多いが、斑点米カメムシは湿った耕作放棄地が特に多くなっている

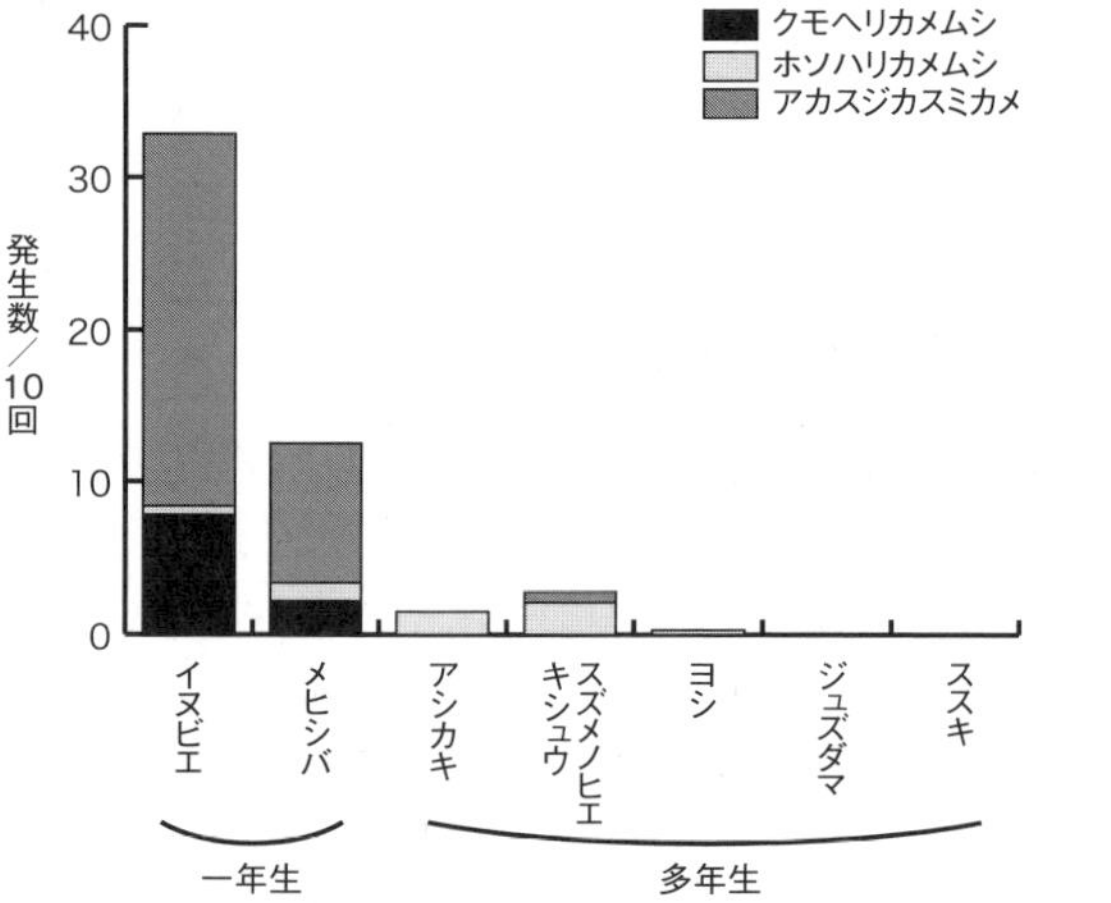

図 41　耕作放棄地の雑草別の斑点米カメムシの発生状況
特にイヌビエが斑点米カメムシの発生源になっている

すべての耕作放棄地が悪いわけではない

さらに、前ページの図を見てわかることは、耕作放棄地の種類によって、害虫が発生するものや、害虫が発生しないものがあるということです。

それでは、どのような耕作放棄地が問題となるのでしょうか。

斑点米カメムシの発生源となる耕作放棄地には、ある特徴があります。

それは、休耕後の年数が短い場所で問題となるということです。

アカスジカスミカメなどの斑点米カメムシが好むメヒシバやイヌビエは一年生の雑草です。一年生の雑草は田んぼや畑や畦畔のように、人の手が入る場所を好みます。

73ページで紹介した農村の生きものと同じように、撹乱がある場所を生存の場所としているのです。

やがて、休耕年数が長くなり、人の手が入らない環境が安定してくると、湿った場所ではジュズダマやヨシ、乾いた場所ではススキなどの多年生のイネ科雑草が生えてきます。

これらのイネ科雑草はアカスジカスミカメなど斑点米カメムシの餌とはなりません。そのため、休耕年数が長くなってくると、カメムシの発生は減ってくるのです。

しかし、だからといって荒れ放題にしておけばよいというわけにはいきません。図に示したように、休耕年数が長くなると、農地は荒れて、復元することがだんだんと難しくなってしまいます。

休耕年数が短ければ害虫の発生が問題になるし、かといって休耕年数が長ければ害虫は減るが荒れてしまう。

耕作放棄地は、このようなジレンマを抱え

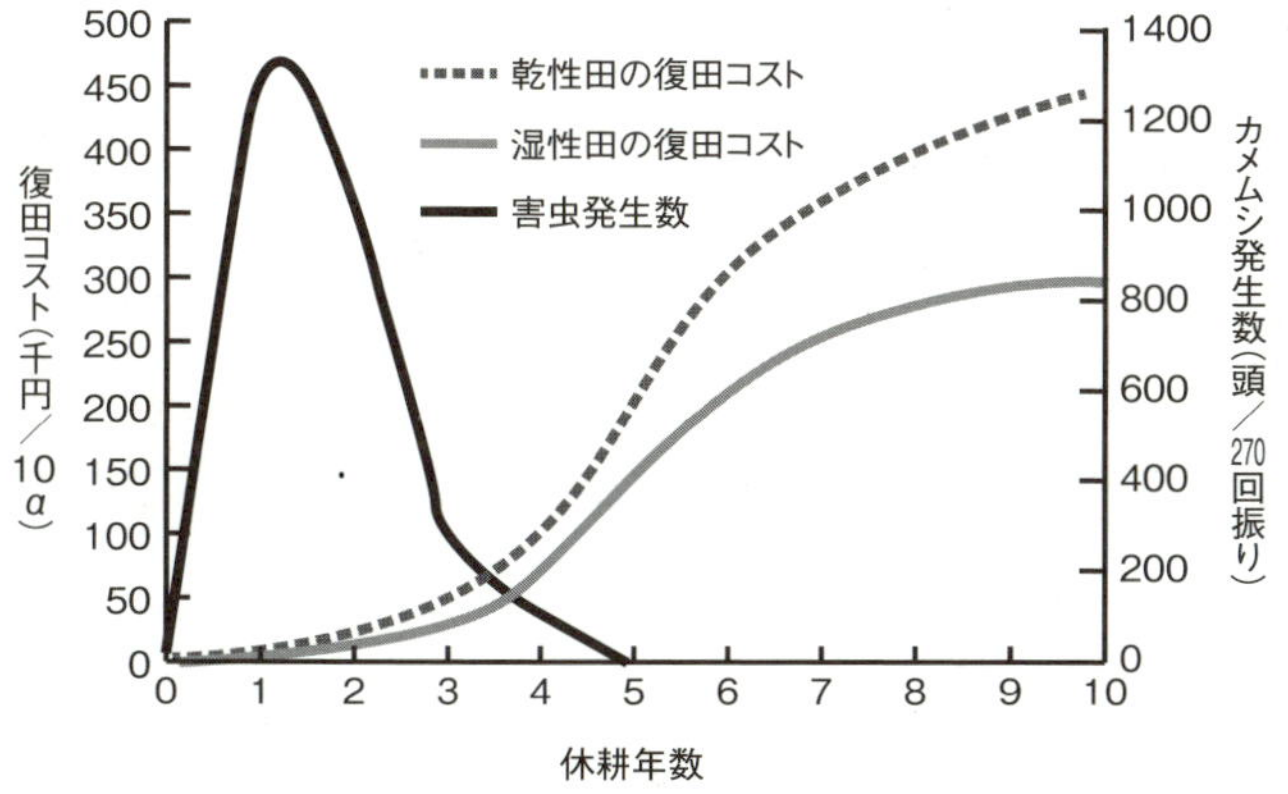

図42　休耕年数による復田コストとカメムシ発生数

休耕年数が短いとカメムシの発生が多く、長くなるとカメムシの発生は少なくなるが、復田にコストがかかるようになる

耕作放棄地における植生の移り変わり

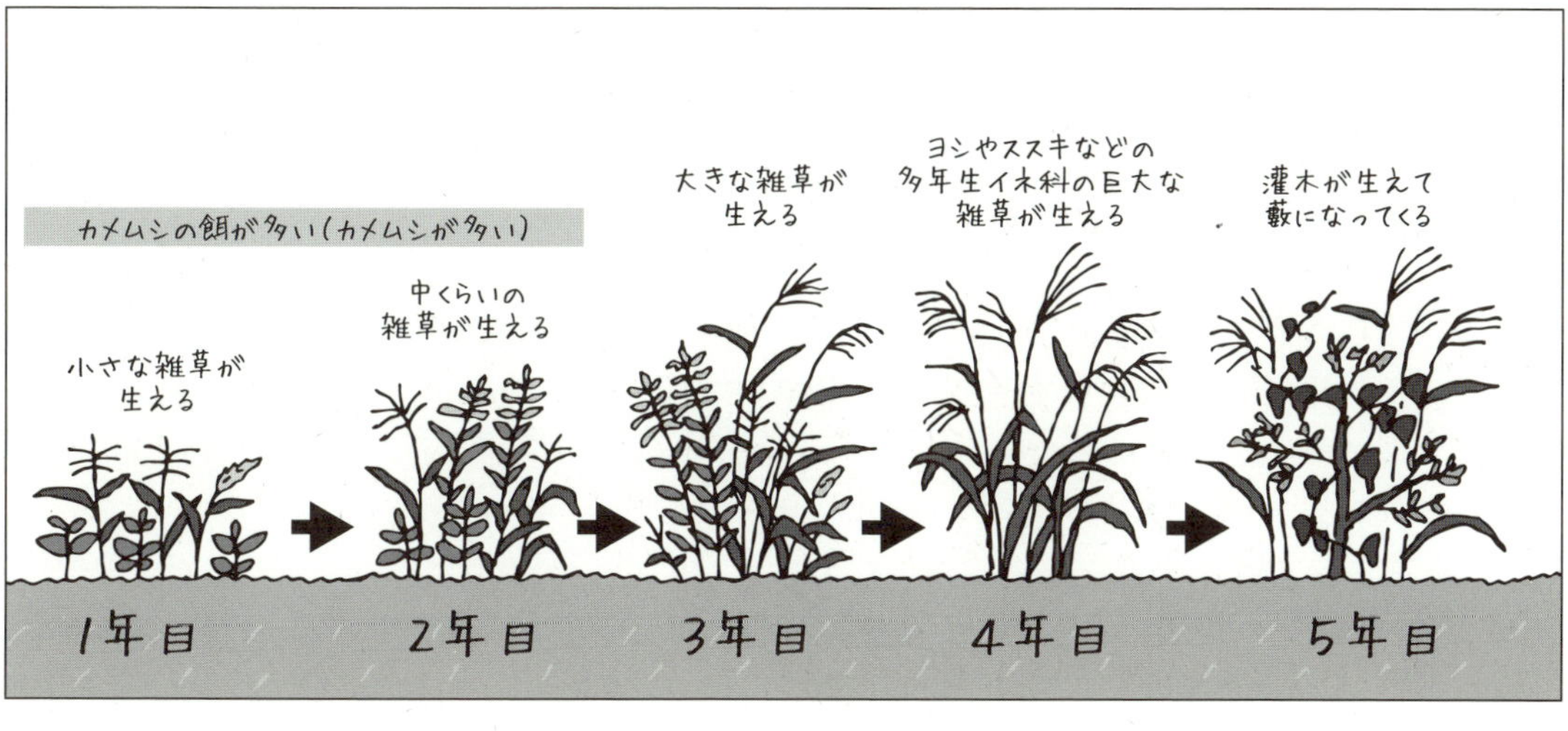

ています。

どのようにして耕作放棄地の雑草を防除していけばよいのでしょうか。

耕作放棄地で特に問題となったのは、イネ科雑草につく斑点米カメムシでした。そこで、耕作放棄地のイネ科植物に焦点をあてて、雑草防除の方法を考えることにしましょう。

ビオトープ田んぼの雑草管理

81ページですでに紹介したように、休耕年数の浅い湿性の休耕田は、生物がたくさん棲

斑点米カメムシの発生源となるイヌビエ

イヌビエは酸素が少ないと芽を出すことができない

イヌビエは酸素不足に弱い
うう…
苦し〜
酸素不足
代かきによって土の中に酸素が多くなると…
発芽する
ヤッホー
発芽できるぞ
やったね！
酸素
酸素
酸素

む環境になります。

田んぼによく似た湿地の環境は、田んぼの生きものたちにとっても楽園となります。そんな休耕田の環境を活かしてビオトープを作ることは、地域の生きものを保全するうえでとても良い方法です。

しかし、田んぼビオトープを管理するうえで、気をつけなければいけない雑草があります。それがイヌビエです。

すでに紹介しているように、イヌビエは斑点米カメムシの発生源として問題になる雑草なのです。

イヌビエを防ぐ対策

生きものを保全しながらイヌビエを防ぐ方法はないでしょうか。

数が少なければ手で抜いてしまうのが、もっとも良い方法です。しかし、数多くあると、とても手で抜くわけにはいきません。

じつは、イヌビエには弱点があります。土の表面の酸素が少ないと芽を出すことができないのです。

イヌビエは、田んぼの環境に適応しています。そのため、代かきによって泥がかき混ぜられ、土の中の酸素が多くなると芽を出す習性があります。そのため、土の中の酸素の量を減らせば、イヌビエの発生を防ぐことができるのです。

冬期湛水でイヌビエを防ぐ

最近では、冬期に田んぼに水を張る冬期湛水田が注目されています。

冬期湛水田は、水鳥などの生きものの生息場所となるだけでなく、冬の間も土が乾かないので、さまざまな生きものの保全に効果があることが知られています。また、田んぼの雑草を抑制する効果も期待されています。

静岡県では、古くから伝統的に冬期湛水が行なわれている棚田があります。不思議なことに、その棚田では、除草剤散布はもちろん、田の草取りさえほとんど行なわないのに、田んぼの雑草がほとんど生えません。

冬期湛水が田んぼの雑草の発生を抑制しているのでしょうか。そこで、この棚田を対象に、雑草の発生を調査しました。

ところが、注意深く観察すると、数多くの田んぼの中にはイヌビエの発生が多いところもあります。何年か調査をしてみると、イヌビエが多く発生する田んぼは、毎年決まっているように見えます。

棚田は、すべての田に水がまわるようにはなっていますが、水の入りやすさには立地による差があり、湛水程度は田んぼごとに異なるようです。

そこで、田んぼごとの湛水の程度がイヌビエの発生の差となっているのではないかと調べてみました。

一三三枚の棚田の田んぼごとに、湛水の程度を、十分な水深で湛水状態が保たれる「湛水条件」と、水深が浅く晴天が続くと土壌表面が露出してしまう「湿潤条件」と、湛水が不十分で乾燥状態になりやすい「乾燥条件」の三段階に区別して、冬期の湛水の状態と、夏期のイヌビエの発生程度とを比較しました。

その結果、冬期の湛水が十分な田では、イヌビエの発生が抑制されているのに対し、湛水が不十分な田ほどイヌビエの発生が高まる傾向が得られました。

冬期の間に湛水をしておくと、土の表面の酸素がだんだんと少なくなって、イヌビエが発生しにくくなるようです。このことから、たとえば休耕田を活用したビオトープでも、冬期湛水を行なうことで、イヌビエを防除できることが期待できます。

一方、田んぼの雑草のコナギの発生は、冬

期の湛水条件との関係はありませんでした。

また、この棚田ではイチョウウキゴケやヤナギスブタ、シャジクモ、イトトリゲモなどの貴重な水生植物の発生が見られます。これらの水生植物は、最近、田んぼが乾くことによって、だんだんと田んぼに生存できなくなってきている植物です。

そのため、これらの植物は、冬期から夏にかけて安定して水位が保たれる田んぼで多い傾向にありました。

実際にコンテナで水位を再現して調べてみると、やはり冬期湛水の期間が長く、水深が深いほどイヌビエの発生を抑えることが確認できました。

つまり、冬期湛水をすることによって、貴重な植物を守りながら、斑点米カメムシの餌植物として問題となるイヌビエの発生を防ぐことが期待できるのです。

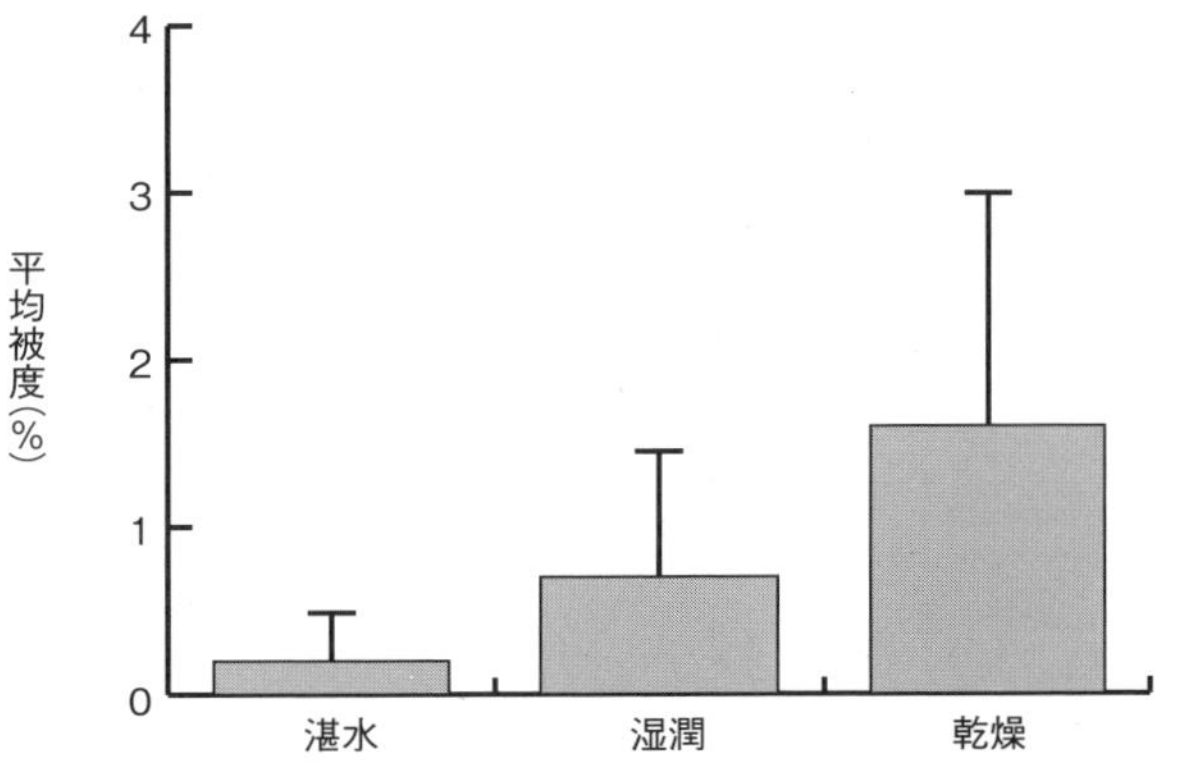

図 43　田んぼの乾湿条件とイヌビエの発生状況
冬期湛水にするとイヌビエの発生が少ない

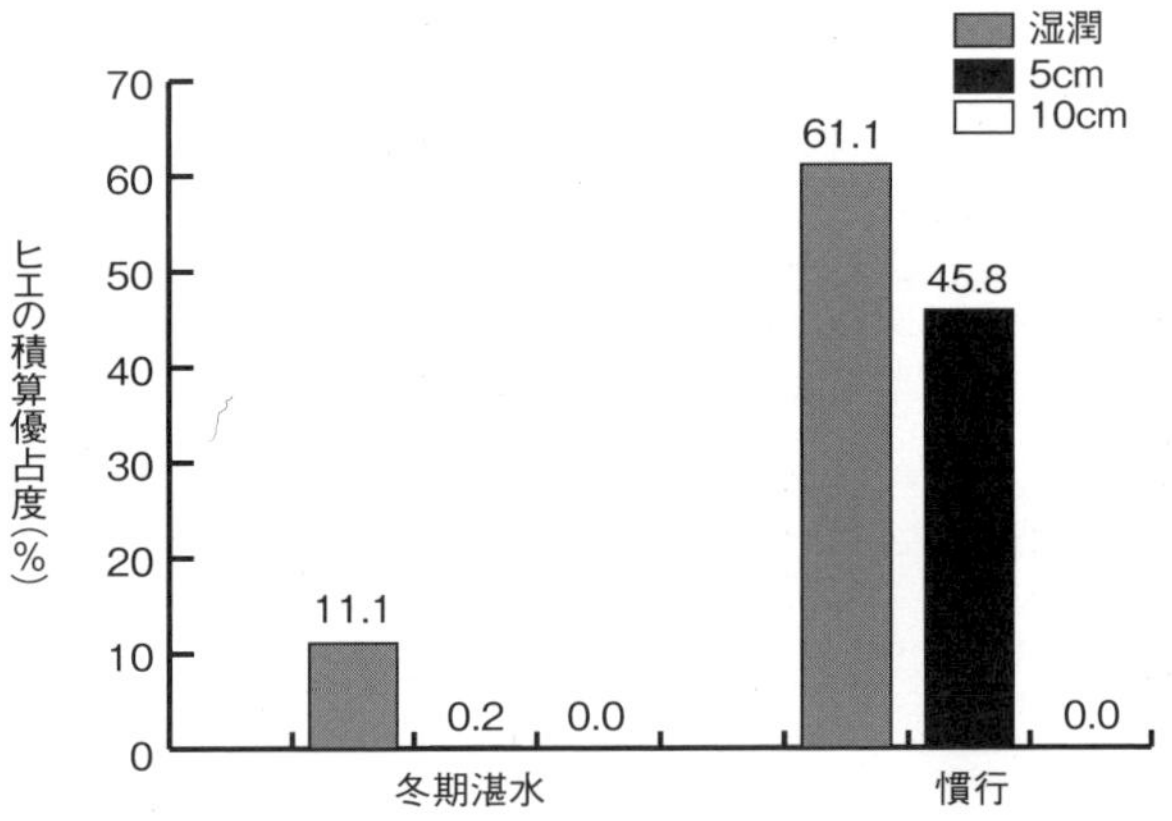

図 44　農法と水深の違いによるヒエの発生状況
冬期湛水田では水深が深いほどイヌビエの発生を抑える

米ぬかでイヌビエを防ぐ

有機栽培などで田んぼの雑草を防ぐ方法として、米ぬか除草がよく使われます。

米ぬかを処理すると、米ぬかを分解しようと微生物が活発に働いて、酸素を消費します。こうして、土壌表面の酸素が少なくなるのです。

それでは、休耕田ビオトープでは米ぬかは使えないでしょうか。

そこで、キクモ、ミズワラビ、イチョウウキゴケの三種の希少植物が認められる休耕田で、有機稲作で行なわれる米ぬかによる除草（一〇〇キログラム／一〇アール）を試してみました。

その結果、イヌビエは米ぬか処理によって抑制されました。また、アカスジカスミカメの発生数も、抑えることができました。

一方、希少性のあるキクモ、イチョウウキゴケ、ミズワラビは、米ぬかを処理した場合でも、発生が確認されました。

また、生物多様性を示す多様度指数や植物の出現種数も、米ぬか処理によって高くなりました。

このことから、休耕田で生きものを保全しながら、イヌビエを防ぐうえでは米ぬかの処理が適していると考えられます。

カバープランツでイネ科雑草を抑える

休耕田をビオトープにしない場合でも、斑

米ぬかが微生物によって分解されて有機酸ができるときに、酸欠状態になってイヌエビ種子が発芽できない

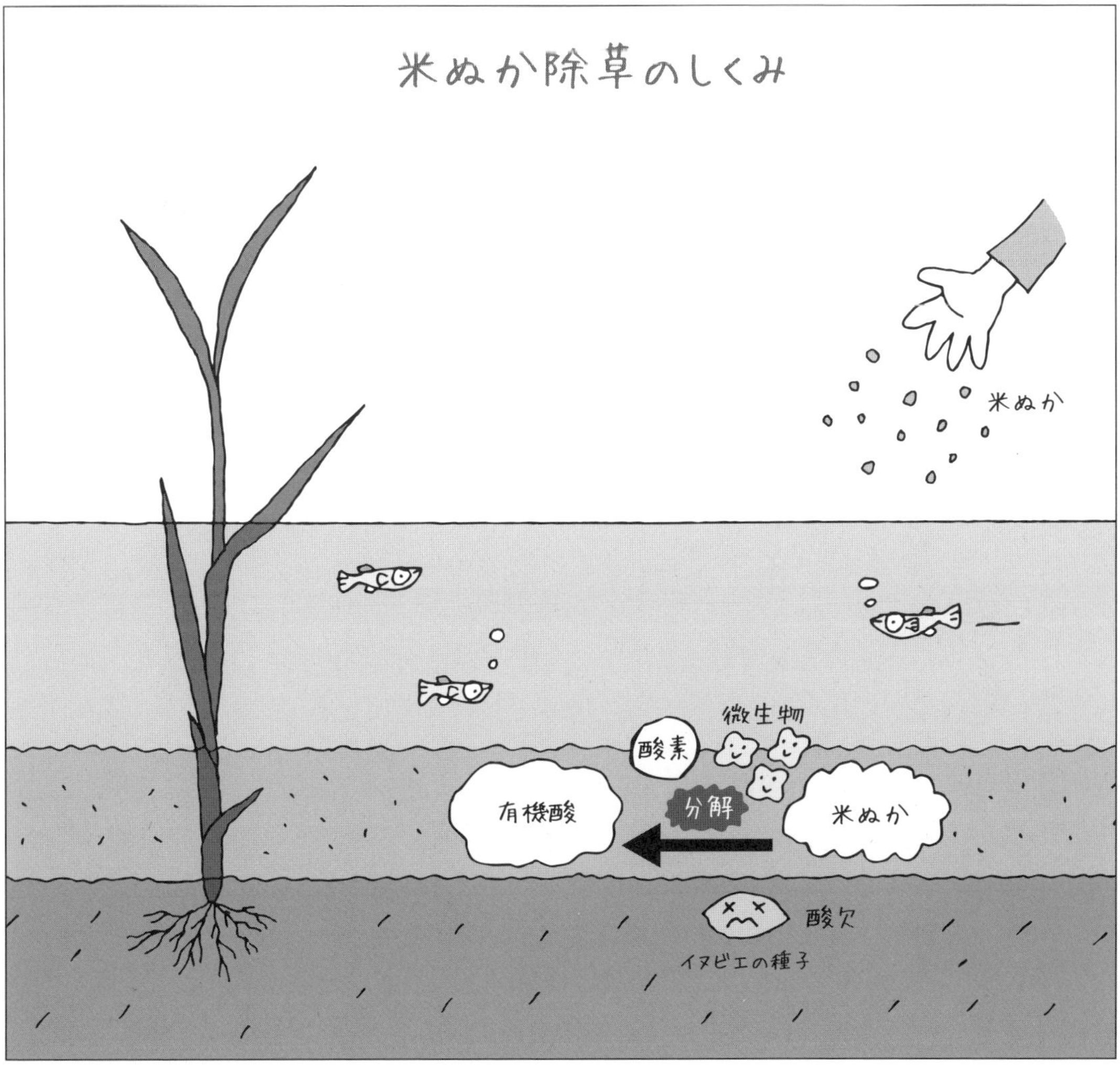

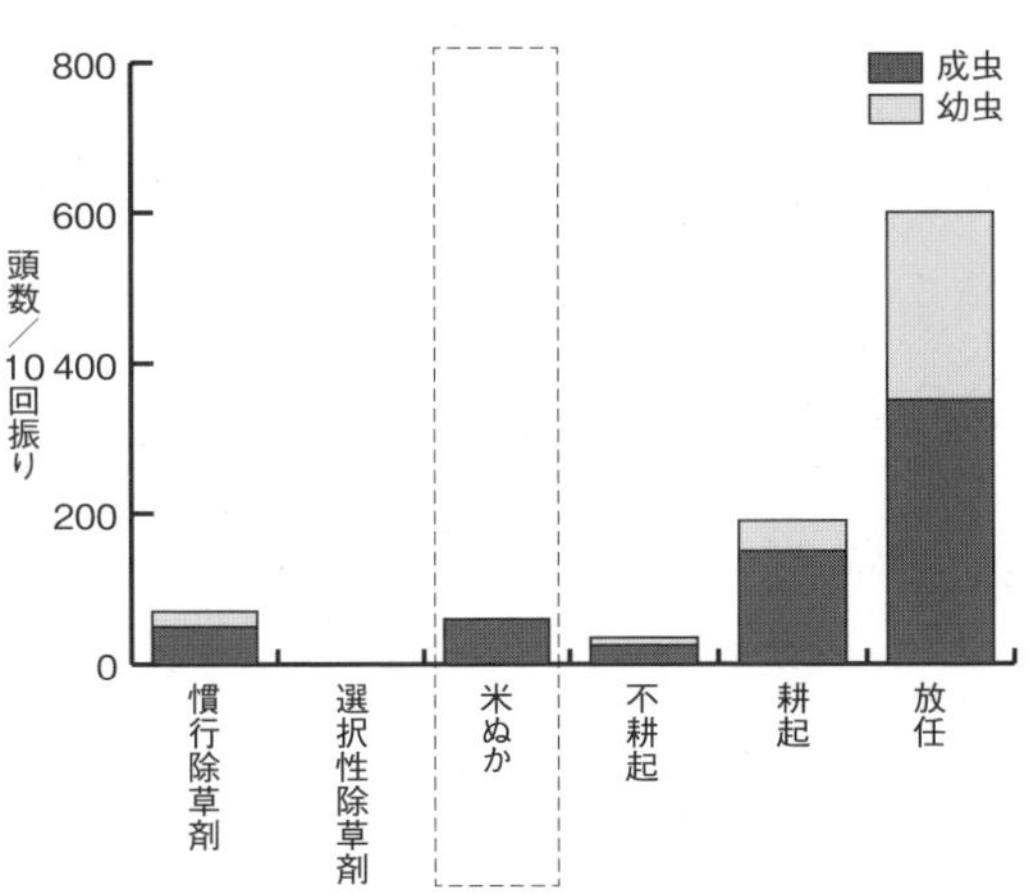

図 46　栽培方法別のアカスジカスミカメ発生状況
米ぬか施用はアカスジカスミカメの発生も抑える

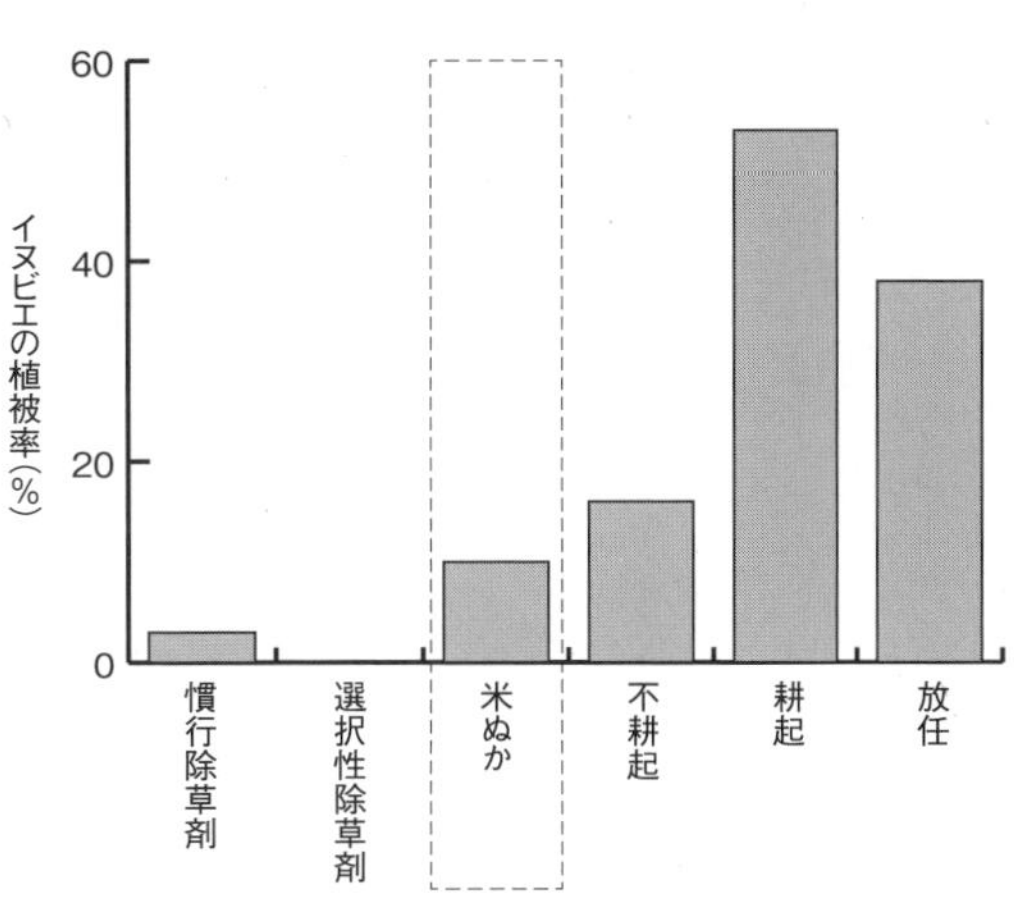

図 45　栽培方法別のイヌビエ発生状況
米ぬか施用はイヌビエの発生を抑える

点米カメムシの餌となるイネ科雑草の発生は問題になります。

　耕作放棄地の雑草を抑制する方法として、よく用いられているのがカバープランツです。

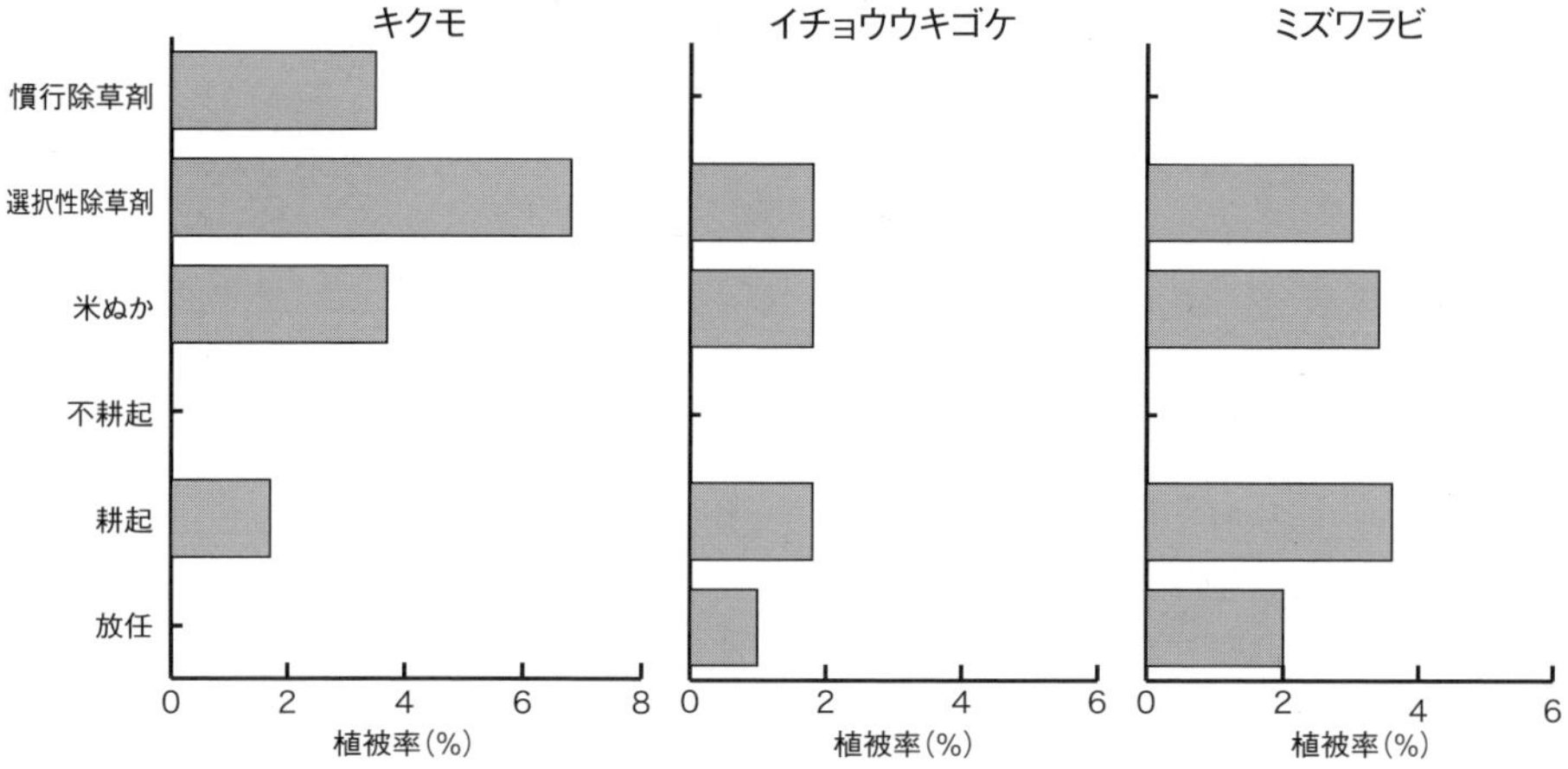

図 47　栽培方法別の希少種発生状況　米ぬか施用で希少種の植物も保護される

　カバープランツの活用については、すでに休耕地や畦畔、法面などで研究が行なわれています。私たちもまた、休耕田のイネ科雑草の抑制に着目して、カバープランツの効果を検証しました。

　試したのは、レンゲとヘアリーベッチ、クリムソンクローバー、アップルミントです。またカバープランツの栽培に加えて、圃場内に入水をした湛水を組み合わせて試験を行ないました。

　その結果、ヘアリーベッチ、クリムソンクローバー、アップルミントでは、イヌビエ、メヒシバ、エノコログサなどのイネ科雑草の発生は抑制されました。

　レンゲは、他のカバープランツに比べると雑草を抑制する効果が劣ります。これは、レンゲは生長量が小さいため、被覆が十分にできず、どうしても隙間が空いてしまうのです。特にイネ科雑草は、尖った葉を伸ばしてくるので、被覆が十分でないと、カバープランツの葉の間から、すぐに伸びてきてしまいます。

　しかし、レンゲの開花終了後、休耕田に水を入れると、イネ科雑草の発生は抑制されました。

　水を入れると、レンゲは速やかに分解して、とろとろになったリターが土壌表面に広がっていきます。レンゲは分解すると有機酸を生じて雑草を抑制することが知られていますが、水を入れることによってレンゲからの有機酸で雑草を抑えることができるのです。

　一方、同じマメ科のヘアリーベッチやクリムソンクローバーも水を入れた場合でも、雑草の発生を抑制しました。ただし、これらのカバープランツは、レンゲのように分解することはなく、枯れて敷きわら状のマルチとなることによって、雑草の発生を抑制しました。

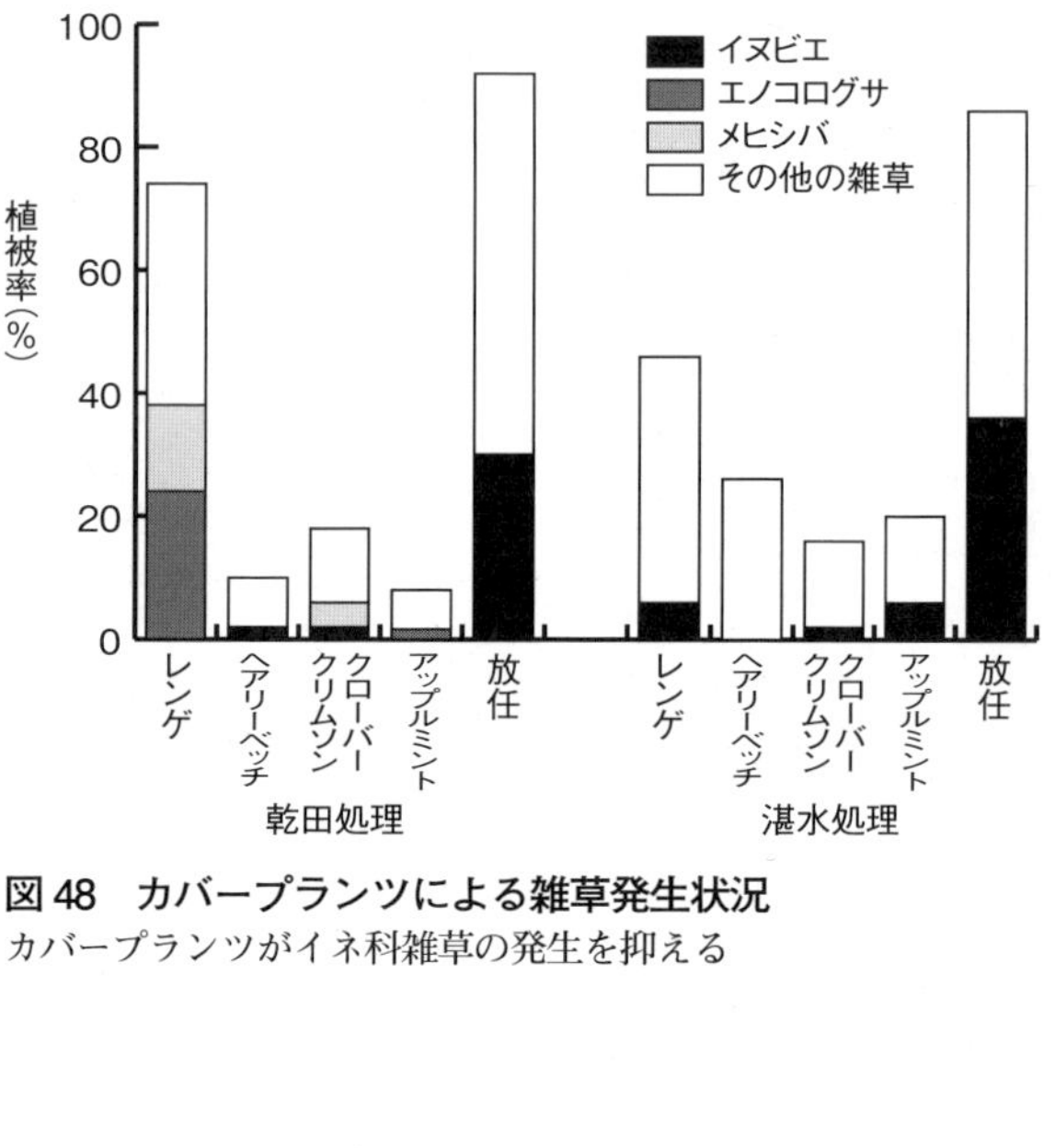

図 48　カバープランツによる雑草発生状況
カバープランツがイネ科雑草の発生を抑える

こうして、イネ科雑草の発生を抑えることによって、休耕田でのアカスジカスミカメの発生を防ぐことができました。

植栽後二年目も効果あり

レンゲやヘアリーベッチ、クリムソンクローバーは一年草です。毎年、種子を播かなければならないのでしょうか。

田んぼでレンゲを栽培する場合には、最近では田植えが早まってきているため、レンゲが種子をつける前に耕して代かきをしてしまうことがあります。しかし、休耕田の場合は、これらのカバープランツは種子をつけることができます。そのため種子を落として、自然に更新し、翌年も植生被覆して問題雑草を抑制しました。

さすがにずっと放っておくわけにはいきませんが、数年に一度、耕起をして種子を更新すれば、カバープランツを維持することができそうです。

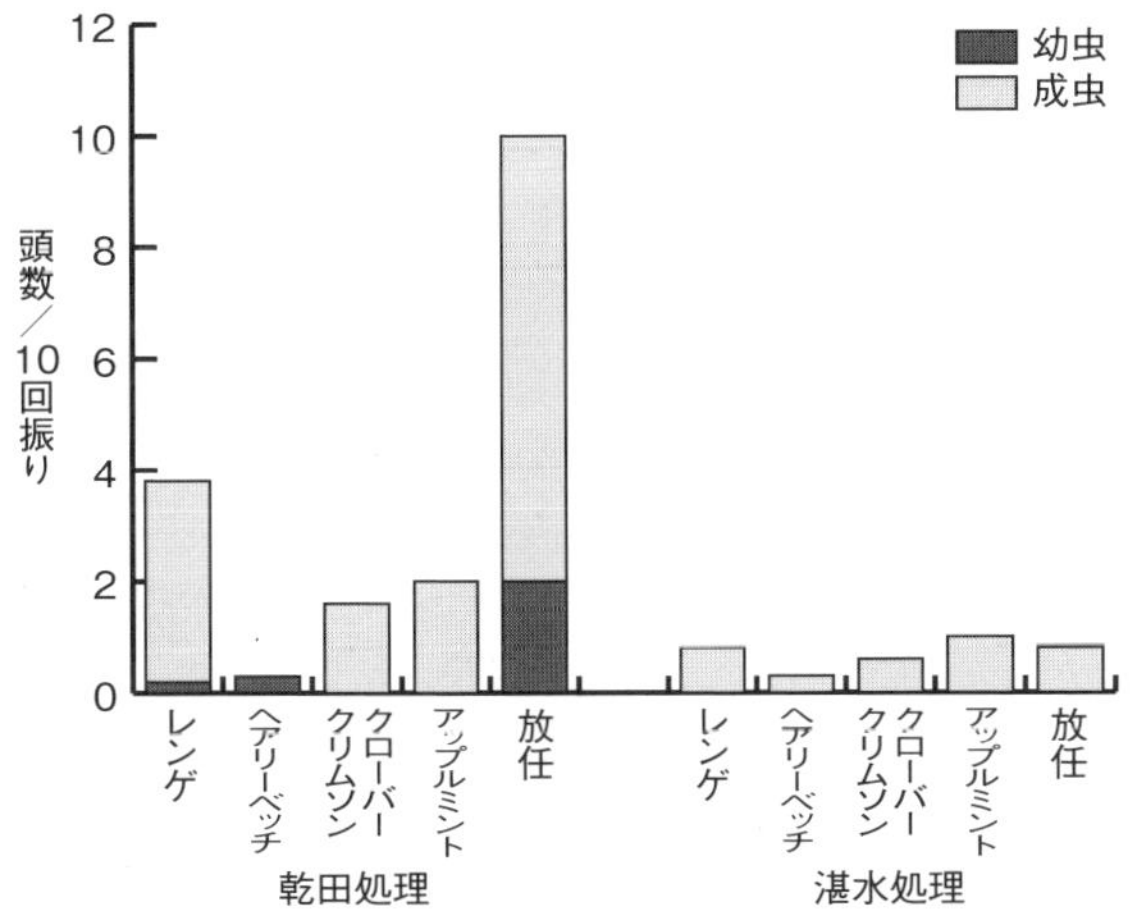

図 49　カバープランツによるアカスジカスミカメ発生状況
カバープランツはアカスジカスミカメの発生を抑える

アップルミントの雑草抑制効果

アップルミントはハーブの一種ですが、カメムシの忌避効果があることから、畦畔への植栽が試みられています。

私たちの試験では、休耕田へのアップルミントの植栽によって、問題雑草を抑制する効果が高いことが明らかとなりました。

ただし、ヘアリーベッチやクリムソンクローバー、レンゲが匍匐性で、土壌表面を被覆するのに対して、アップルミントは直立性の草姿なので、土壌表面を被覆することはありません。そのため、アップルミントの株間では土壌表面が露出し、裸地となっているにもかかわらず、不思議なことに雑草の発生はあまり見られませんでした。

アップルミントの雑草抑制は、植物から滲出する化学物質によって雑草の発生が抑えられる、アレロパシー効果によるものなのかもしれません。

また、アップルミントは水を入れても枯れることはなく、翌年には再生が見られました。

アップルミントの株間は土が露出していても雑草の発生があまり見られない

Ⅲ　ゼロをプラスにする

マイナスからゼロ、そしてプラスへ

地域の一員として耕作放棄地を活用する三つのステップの、最初のステップはマイナスをゼロにすることでした。

すべての耕作放棄地ではありませんが、耕作放棄地は、害虫の発生源となっているという見逃し難い現実があります。

冒頭でお話ししたように、地域という単位で考えたとき、耕作放棄地は無視できないチームメイトです。しかし、足を引っ張る存在では困ります。

「役に立たなくてもいいから、チームに迷惑をかけるのだけはやめてくれ」

これが耕作放棄地に対する最低限のお願いです。

ただ、このように、マイナスをゼロにするだけで、現状と比べれば、周囲の営農環境に対しては、プラスの働きがあります。しかも、アカスジカスミカメについていえば、問題となる限られた耕作放棄地を管理するだけで、地域のアカスジカスミカメの発生を劇的に減らすことができるのです。

しかし、ここでは、地域の営農にとって、さらにプラスとなる耕作放棄地の働きを考えてみましょう。

わざわざ不作付地を作る欧米の例

すでに紹介したように、欧米では、作付け面積を減らして農地の周辺に緑地帯を作ったり、花が咲く植物を植えたりすることがよく行なわれています。

こうして、わざわざ不作付地を設けて、害虫を退治する土着天敵を温存する場所を作っているのです。

54ページでは、天敵を集めるバンカー植物のお話をしましたが、まさに不作付地を天敵のバンク（銀行）としているのです。

欧米で、わざわざ不作付地を設けているならば、日本では、もともとある耕作放棄地を活用できないものでしょうか。

海外では非農耕地がクモを増やしている例も知られています。そこで田んぼの害虫の重要な天敵として知られているコモリグモについて調べてみると、休耕田では水田よりも、コモリグモの数が多いことがわかりました。

しかし、疑問があります。

休耕田にクモがたくさんいるとしても、そのクモが、周囲の田んぼにプラスの効果をもたらしてくれるのでしょうか。

ドイツの緑地帯

害虫を捕食するクモや寄生バチなどの天敵を保全するため、コムギ畑に設けられた緑地帯

コモリグモは休耕田から本田に移動する

耕作放棄地がクモの供給基地となる

これについては、まだ調査途中です。

今のところ調べている範囲では、休耕田にいるコモリグモは、休耕田のアカスジカスミカメをあまり食べていませんでした。コモリグモのお腹の中に、アカスジカスミカメのDNAがあるか調べてみると、多いところでも10％くらいにクモが二日以内にアカスジカスミカメを食べていただけでした。アカスジカスミカメがたくさんいるにもかかわらず、コモリグモがアカスジカスミカメをまったく食べていない場所もありました。休耕田には、ほかにもたくさんの餌があるために、アカスジカスミカメをたくさん食べているということではないのかもしれません。

それでは、休耕田のコモリグモが周辺の水田に移動していって田んぼの害虫を食べてくるということはあるのでしょうか。

コモリグモは休耕田から田んぼへ移動する時期があるようです。

田植えをしたばかりの田んぼは、餌となる昆虫が少ないので、コモリグモは田んぼの中にはあまり移動しません。ところがイネが大きくなって、田んぼの中に害虫が増えてくるとコモリグモは田んぼの中へ移動してきます。休耕田にいるコモリグモ一六〇匹に印をつけて、次の日に探してみると、遠いものでは一日で二〇メートルも田んぼの中へと移動していました。

印をつけたコモリグモは一週間後には休耕田からおよそ四〇メートル離れた田んぼ、一カ月後にはおよそ八〇メートル離れた田んぼで見つかりました。

コモリグモがどの程度、どのように移動しているのかは、まだわからないことが多いですが、もしかすると休耕地がコモリグモの増殖基地となって、周辺の田んぼにコモリグモを供給しているかもしれません。

カバープランツでクモを増やす

57ページでは、田んぼのレンゲがコモリグモを増やすことを紹介しました。

しかし、レンゲは緑肥植物でもあるので、化学肥料を用いる現代では、レンゲを栽培するとかえって肥培管理が難しくなってしまうこともあります。

それでは、休耕地でカバープランツを植えてみたらどうでしょうか。86ページで紹介したように、カバープランツは問題となるイネ科雑草の発生を抑えて、斑点米カメムシを減らす効果もありました。さらに、天敵のコモリグモを増やすことができれば、まさに一石二鳥です。

調査してみると、雑草を生やしておいた場所に比べて、カバープランツを栽培している場所では、コモリグモなどのクモの数が増えることがわかりました。

もっとも効果があったのはレンゲです。ただ、レンゲ以外のカバープランツでも、コモリグモを増やす効果が見られました。

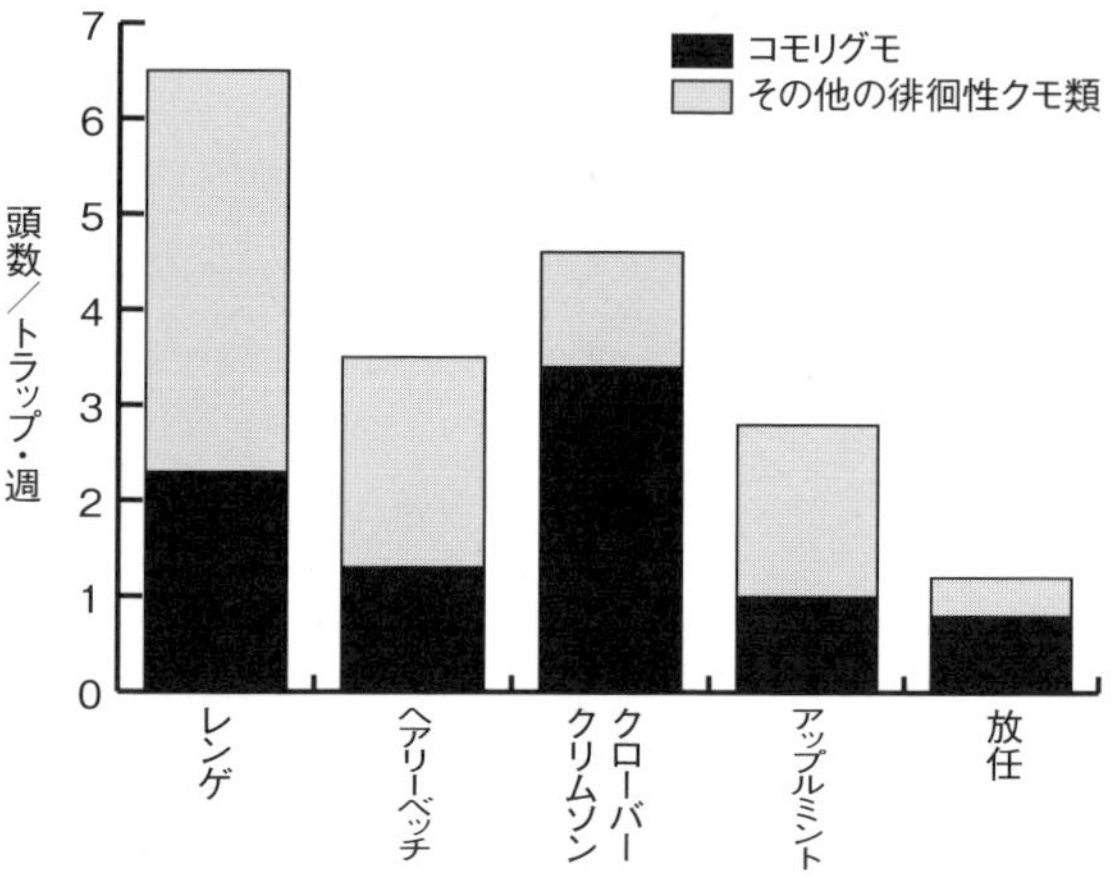

図50　カバープランツ植栽地のクモ類捕獲数
カバープランツを栽培する場所はクモの数が多い

ハチを集める休耕田

欧米では畑のまわりにきれいな花が植えられています。これは単なる景観形成だけのものではありません。

欧米では、天敵を温存する植物を植えると紹介しましたが、これらの花々もまた、天敵を集めています。

花を植えたドイツの畑
畑のまわりにきれいな花を植え、景観形成とともに天敵も集めている

これらの花々は、害虫を退治する寄生バチを集めます。

寄生バチは、害虫の卵や幼虫に卵を産みつけます。そして寄生バチの幼虫が害虫の卵や幼虫を食べて退治してくれるのです。しかし、成虫はハチなのでエネルギー源として蜜が必要です。そのため、蜜がたくさんある花に集まってきます。

そして、蜜を吸ってお腹がいっぱいになった寄生バチは、卵を産みつけるために近くの

花いっぱいの休耕田は寄生バチを集める

畑へ害虫を探しに飛んでいくのです。

寄生バチが働くためには花の蜜が必要です。同じような事例は、日本でも見られています。九州大学の研究では、レンゲの害虫であるアルファルファタコゾウムシの寄生バチの事例が明らかにされています。

レンゲの花は蜜が豊富にありますが、花粉を運ぶミツバチ以外のハチは蜜を吸うことのできない仕組みになっています。レンゲの花びらは蜜への入り口をしっかりと閉ざしています。そしてミツバチが花びらを後足で開くと蜜への入り口が開かれるようになっているのです。

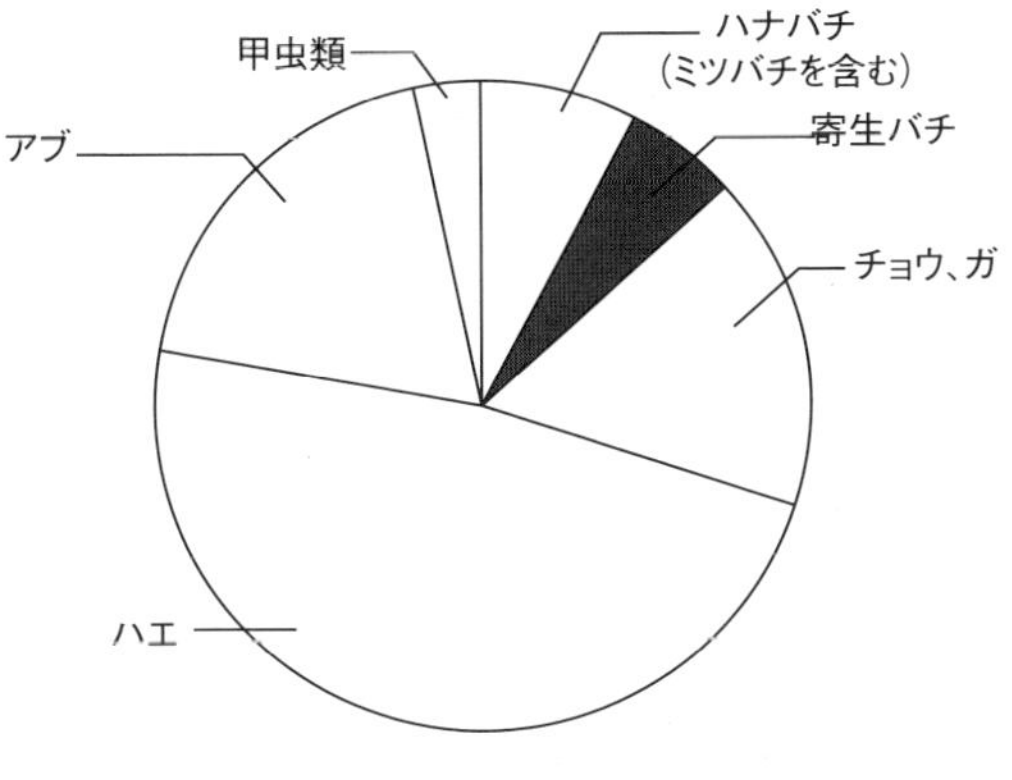

図51　アップルミントに集まる昆虫
アップルミントにはさまざまな寄生バチがやってくる

そのため、他のハチはレンゲの蜜を吸うことができません。そして、レンゲを害虫から守っているはずの寄生バチでさえ、レンゲから蜜をもらうことができないのです。

しかし、田んぼのまわりの畦に蜜を吸うことのできる春の野の花があると寄生バチは集まってきます。そして、大活躍をして、アルファルファタコゾウムシの発生を抑制するのです。寄生バチへ蜜を与える植物の存在というのは、意外に重要なのです。

アップルミントに集まる昆虫たち

それでは、休耕田のカバープランツは寄生バチを集める効果はないのでしょうか。

休耕田に植栽されたアップルミントを調べてみると、アップルミントにはさまざまな寄生バチがやってくるようすが観察されました。

日本でも欧米と同じように農地の周辺に花を植えることは、寄生バチを誘引する効果があると期待されます。

そして、農地の限られた日本では、休耕地に寄生バチを誘引する植物を植えることで、地域の土地を有効に活用することができるのです。

耕作放棄地が地域の農業をサポートする

耕作放棄地を解消して、営農活動が再開できたとしたら、それは素晴らしいことです。これ以上のことはありません。しかし、耕作放棄地は、条件が悪いこともしばしばです。

そんな耕作放棄地であっても放置せずに何か植物を植えることによって、地域全体の害虫を減らすこともできますし、周辺の農地の土着天敵を増やすことさえできます。このように、土着天敵の棲みかを提供し、周辺の害虫防除の基地として機能させることが、耕作放棄地のゼロからプラスへのステップです。

たとえ自身は営農をしていなくても、これだけで耕作放棄地は十分に地域の営農活動をしていると考えてよいのではないでしょうか。

だとすれば、もし耕作放棄地がそれ以上の力を発揮しようとしているとすれば、それは、プラスαとして、評価されてもいいはずです。

耕作放棄地で儲かる農業をしようと肩肘を張るよりも、控えの選手らしく、レギュラー選手である地域の営農活動を支えることができれば、それでよいのです。

ゼロからプラスへのステップ

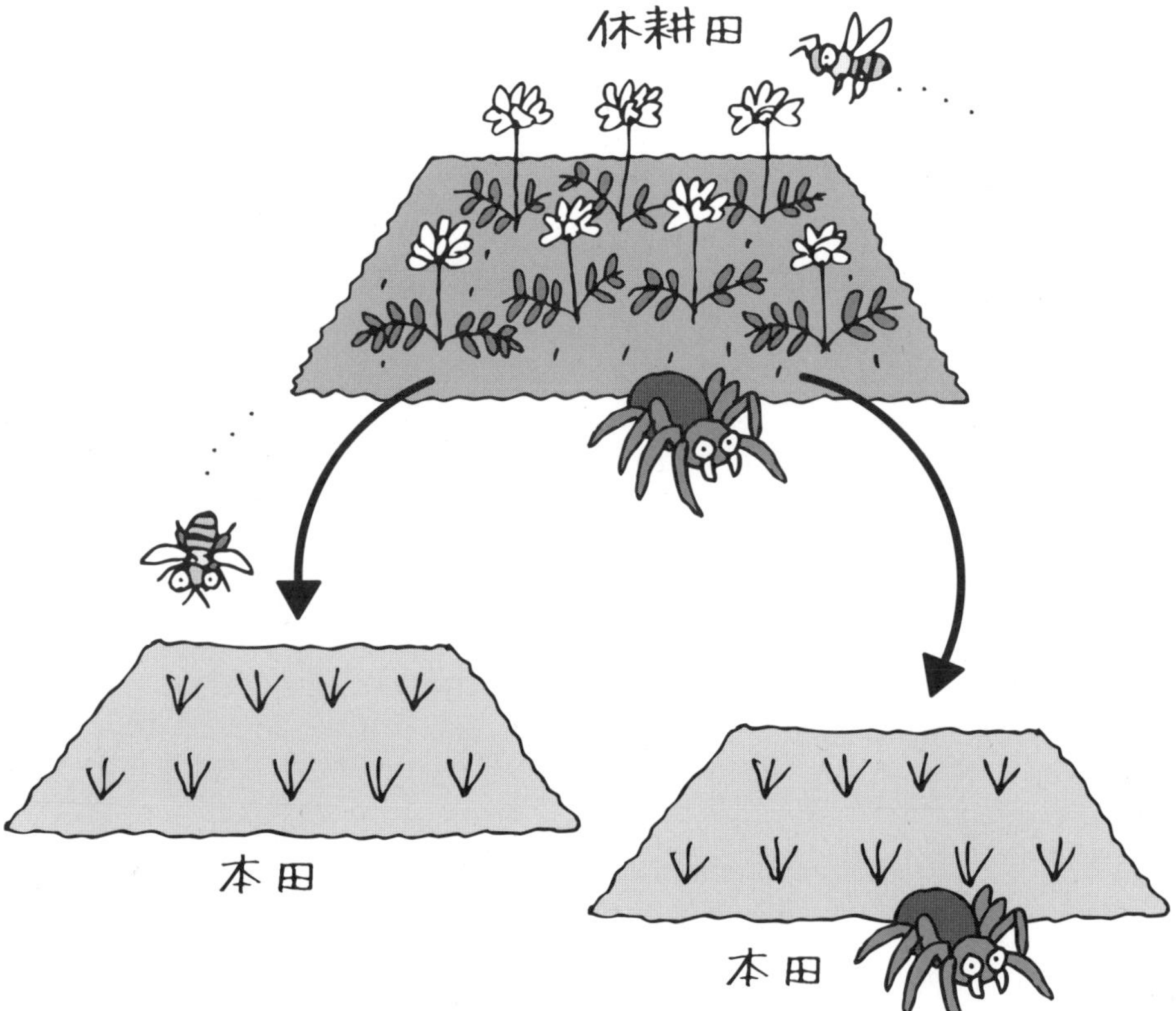

天敵を増やし害虫防除の基地に

そして、新たなる価値へ

「地域の力」を考えたとき、働いていない耕作放棄地は、潜在価値の高い「余力」であると捉えることができます。

「営農をサポートする」という、低いハードルを設定することによって、耕作放棄地対策は、ずいぶんと気がらくになるはずです。

そして、肩の力が抜けたとき、耕作放棄地活用のさまざまなアイデアが浮かんできます。それが、地域にさまざまなビジネスのタネをもたらすかもしれません。

たとえば、私たちのかかわる地域の例では雑草抑制のためにハーブを植えた結果、せっかくだからハーブを使った商品を作ってみたいという話もでてきています。あるいは、薬膳料理の材料にするために薬草や香辛料を植えてみたいという話もでてきています。

プラスαから、×αへ

もちろん、それでも、控えの選手である耕作放棄地が、単独で活躍を遂げることは難しいかもしれません。

そんなときは、地域のもつさまざまな資源や活動と掛け合わせて地域ビジネスにすることを考えてみてはいかがでしょうか。

プラスαから、Ｘαへ

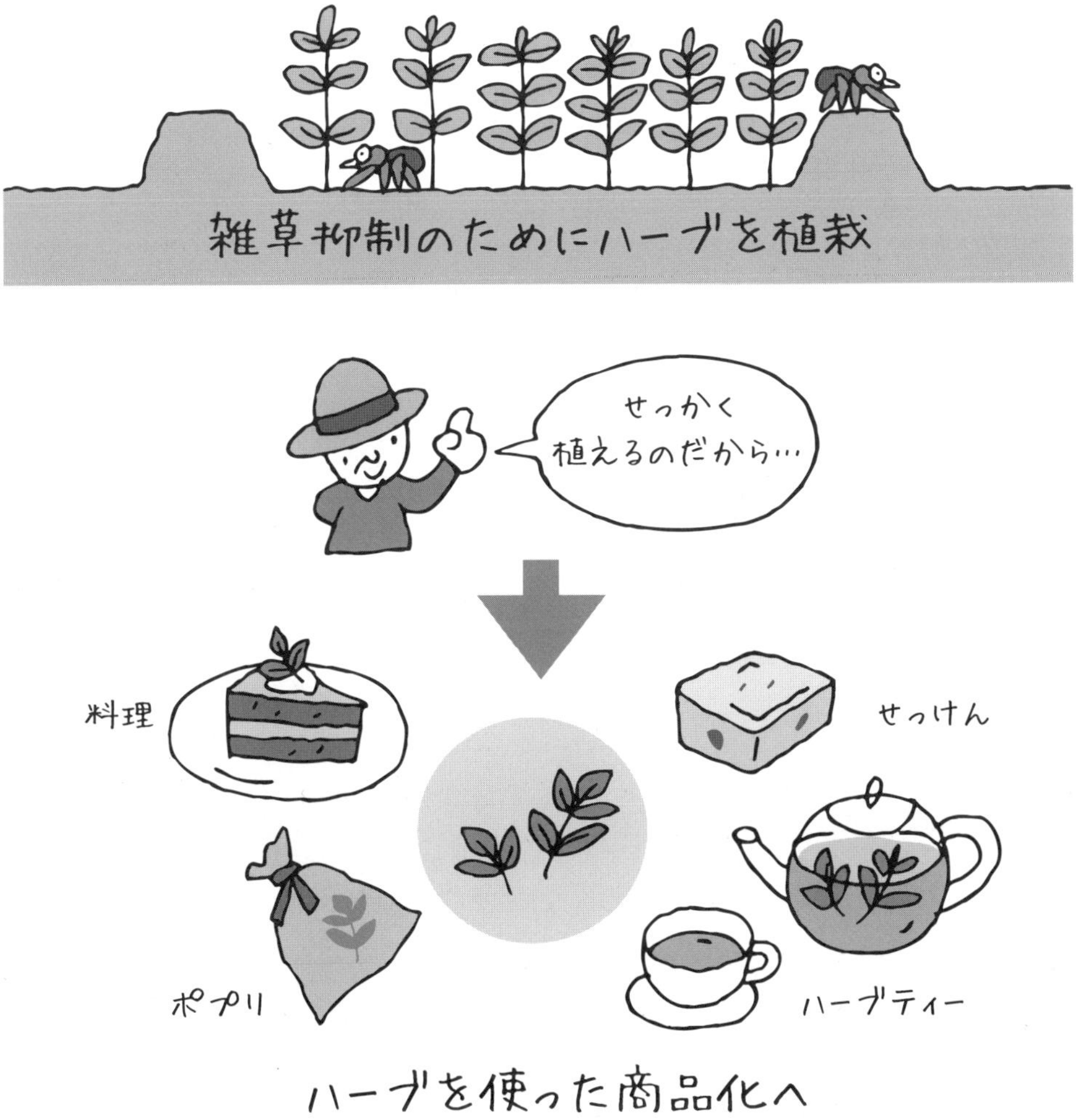

最近では、「Ａ×Ｂ」というように、異なるものを掛け合わせて新たな価値を創造することが盛んに行なわれています。耕作放棄地も「耕作放棄地×α」で力を発揮することがあるかもしれません。

たとえば、地域の産業と掛け合わせて新たな商品化を図ってみてもいいでしょう。あるいは、耕作放棄地の景観植物に地域資源を組み合わせることで、グリーンツーリズムの魅力が高まるということもできるかもしれません。

耕作放棄地は、地域の資源を活用し、地域の自由な発想を実現できる場所でもあるのです。

そして、地域の力と補い合ったとき、耕作放棄地という控え選手は、もしかすると、とてつもない力を発揮して、チームに貢献してくれるかもしれないのです。

Ⅳ　耕作放棄地×αビジネスの取り組みから

1　事例1　ソバ

白いソバの花が一面に広がるブドウ畑。そんな光景をみなさんは想像できますか。実は、こうした風景の広がるブドウ畑が、実際にニュージーランドにあるのです。ワイン用のブドウを育てているその畑では、ぶどうの木が並ぶ列の間にソバを植えています。

日本食のイメージの強いソバですが、実際には世界中で栽培されています。欧米でもパスタやクレープにしてソバを食べています。

しかしブドウ畑に植えられたソバは、収穫して食べるためではありません。

じつは害虫を退治してくれる寄生バチを集めるために栽培されているのです。ソバは蜜が多く、寄生バチの餌として適しています。

それでは日本でもソバを栽培することで、欧米のように寄生バチを集めることはできるのでしょうか。

静岡県内で調査した結果、ソバ畑では数多くの寄生バチを見つけることができました。寄生バチは種類が多く、種類を特定することが難しいので、どの害虫をやっつけるハチなのかまではわかりませんが、種類を問わず多くの寄生バチがソバ畑にやってきていたのです。

そしておそらく、これらの寄生バチはソバ畑を拠点としてまわりの田畑へ害虫を探しに出掛けて行くことでしょう。

この調査結果を受けて静岡県では、県内各地で耕作放棄地対策としてソバの栽培を推進しています。

ソバの旬はいつ?

手間がかからず、やせ地に育つソバは耕作放棄地対策としてよく栽培されています。

しかし、生態系管理の点からもソバは極めて優れた作物です。

すでに紹介したように、ソバは蜜が多いので、ミツバチや寄生バチがたくさん訪れます。さらには雑草抑制効果があることも知られています。

ただし、一般にソバは、秋に収穫された秋ソバを、「新そば」と呼んで喜ばれます。

ところが、夏の終わりに種子を播き、秋に花を咲かせる秋ソバは、夏の間の雑草抑制や、夏作物に寄生バチを供給する点では、効果があまりありません。また、養蜂家にとっても、花の少ない夏に花を咲かせる夏ソバのほうが役に立ちます。

生態系管理という視点からは、夏の間に栽培する夏ソバのほうが適しているのです。

もちろん、夏ソバは秋ソバに比べると、味や香りが落ちるといわれています。しかし、夏の紫外線や害虫と戦いながら育つ夏ソバは、ルチンなどの健康成分が高いという特長があります。また、ソバから取れる蜂蜜は、味の点では他の花に劣りますが、栄養価が高く、ルチンなどの健康成分も含んでいます。健康成分に優れた夏ソバや、栄養価の高いソバの蜂蜜は、加工品の原料としては面白いかもしれません。

作型＼月	4月	5月	6月	7月	8月	9月	10月	11月
春播き栽培（夏ソバ）	播	種		収	穫			
夏播き栽培（秋ソバ）				播	種		収	穫

図52　夏ソバと秋ソバの作型

耕作放棄地に植えたソバ
雑草抑制や寄生バチの誘引など生態的な役割も大きいソバ畑

夏ソバを使ったそば
ブランド化が進められている静岡在来ソバ。伝統工芸品のめんぱに入れて出される
（写真：田形治）

生態系管理という新たな視点からソバを栽培するうえでは、必ずしも秋ソバの咲く形にこだわる必要はありません。そして、ソバを新たな視点で見ることは、これまでにない新たな商品開発のヒントを提供してくれるかもしれないのです。

耕作放棄地でふるさとの宝を守る

ソバの栽培といっても、あくまでも天敵を増やすことが主目的ですから、ソバの収量は問いません。

じつは、こうした手軽さが、思わぬ福音となりました。

食農教育や市民のレクリエーションとしてソバが栽培されるようになり、耕作放棄地が解消されています。

さらにふるさとのソバを育てようと昔から地域に伝えられてきた在来のソバを栽培する活動も広がっています。在来のソバは品種改良されたものに比べると収量が多くありません。しかし地域を守るソバ畑であれば、ふるさとの在来ソバでもよいのです。

この在来ソバは、とても味が良いというそば屋さんの評価もあり、現在ではブランド化する動きもあります。在来ソバは、街のそば屋さんと高値で取引されています。収量を求めなかった結果、思わぬビジネスが芽を出したのです。

ソバ殻の雑草抑制効果

ソバの植物体は、雑草を抑制する効果があります。そのため、耕作放棄地で栽培したソバを土

ソバ殻のルチンが雑草の発芽を抑える

の中にすき込むと、雑草を抑制することができます。

高血圧や動脈硬化に効果があることで知られるソバの成分ルチンは、雑草抑制にも効果のある物質の一つです。

ソバを脱穀すると大量のソバ殻が残ります。植物体ほどではありませんが、このソバ殻にも、雑草の発芽を抑制するルチンが含まれています。このソバ殻を使って、耕作放棄地の雑草の発生を防ぐことができないでしょうか。

試してみると、ソバ殻を耕作放棄地の土の表面に撒くことで、ある程度、雑草の発生を抑制することができました。

同じようにソバ殻を原料としたソバ殻堆肥や、ソバ殻のくん炭を試してみましたが、これらは、雑草抑制効果がソバ殻よりも劣りました。調べてみるとソバ殻堆肥やソバ殻くん炭では、ルチンが失われていました。

ソバ粉に高い効果

篩を使ってソバ粉を篩うと、粗いソバ粉が残ります。この残ったソバ粉はルチンを多く含んでいます。ソバ粉は、ソバ殻に比べて、極めて高い雑草抑制効果を示しました。

ただし、ソバ殻が大量に出るのに比べると、ソバ粉は大量には出ませんので、耕作放棄地で雑草抑制に用いるのは難しいかもしれません。

発酵ソバ殻の効果

ソバ殻の雑草抑制効果には、二つの働きがあります。一つはルチンによる化学的な効果です。そして、もう一つはソバ殻を敷いて土の表面を覆ったことによって雑草の芽が出るのを防ぐ、物理的な効果です。

残念ながら、ソバ殻は分解するのに時間が掛かるために、ルチンによる雑草抑制効果はすぐには期待できません。その間に雑草の芽のほうが伸びてきてしまいます。

そのため、物理的に雑草の発生を防ぐために、大量のソバ殻を敷き詰めなければなりま

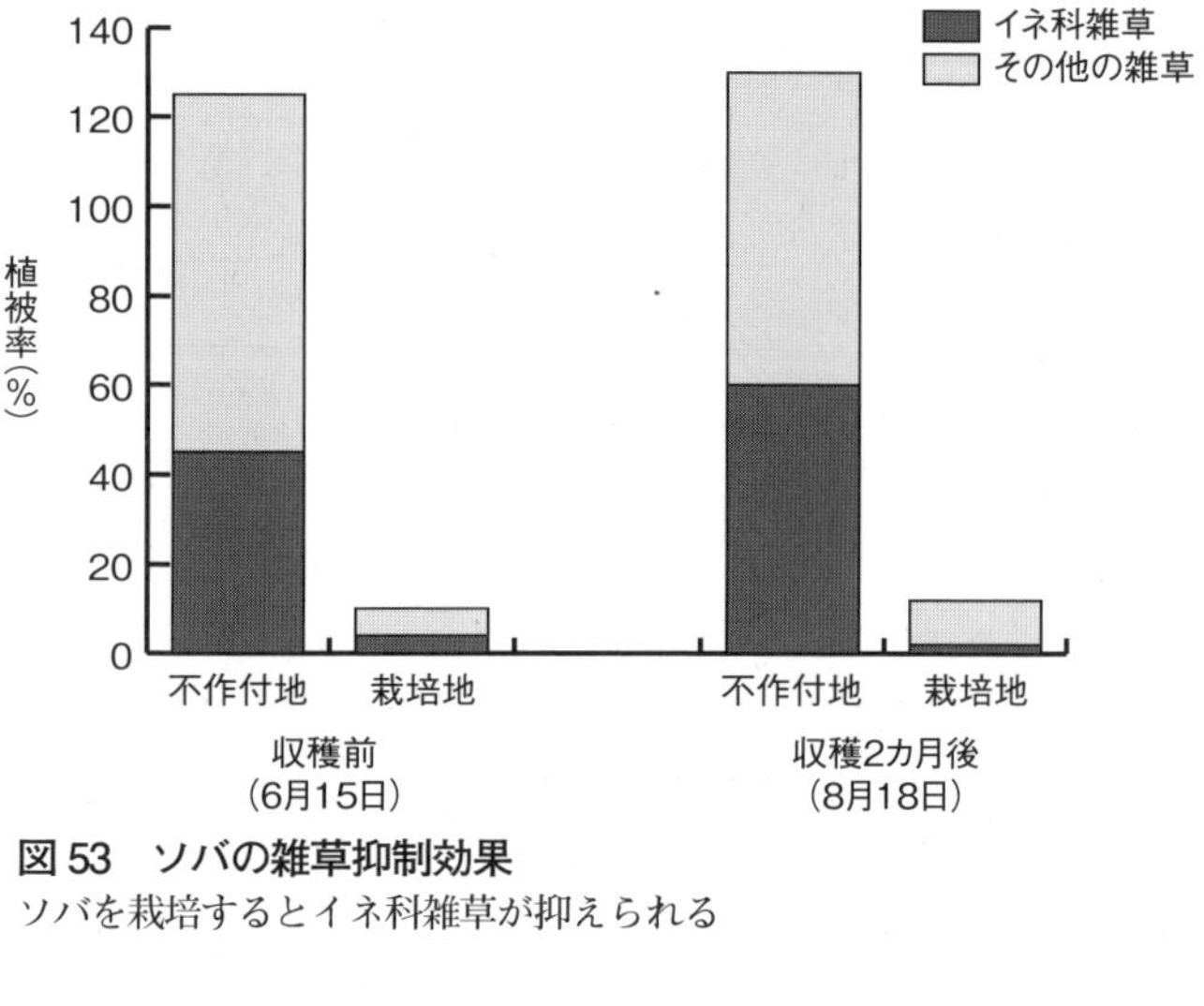

図53　ソバの雑草抑制効果
ソバを栽培するとイネ科雑草が抑えられる

せん。

　そこで特殊な技術によってソバ殻を好気発酵処理してソバ殻表面の分解を進めてみました。その結果、発酵処理をすることによってソバ殻の雑草抑制効果は高まりました。

　ただし、発酵処理をやりすぎると、ルチンが失われてしまうこともわかりました。そのため、発酵処理の程度が問題となります。雑草抑制効果を高める発酵処理の方法については、まだ研究を進める必要がありそうです。

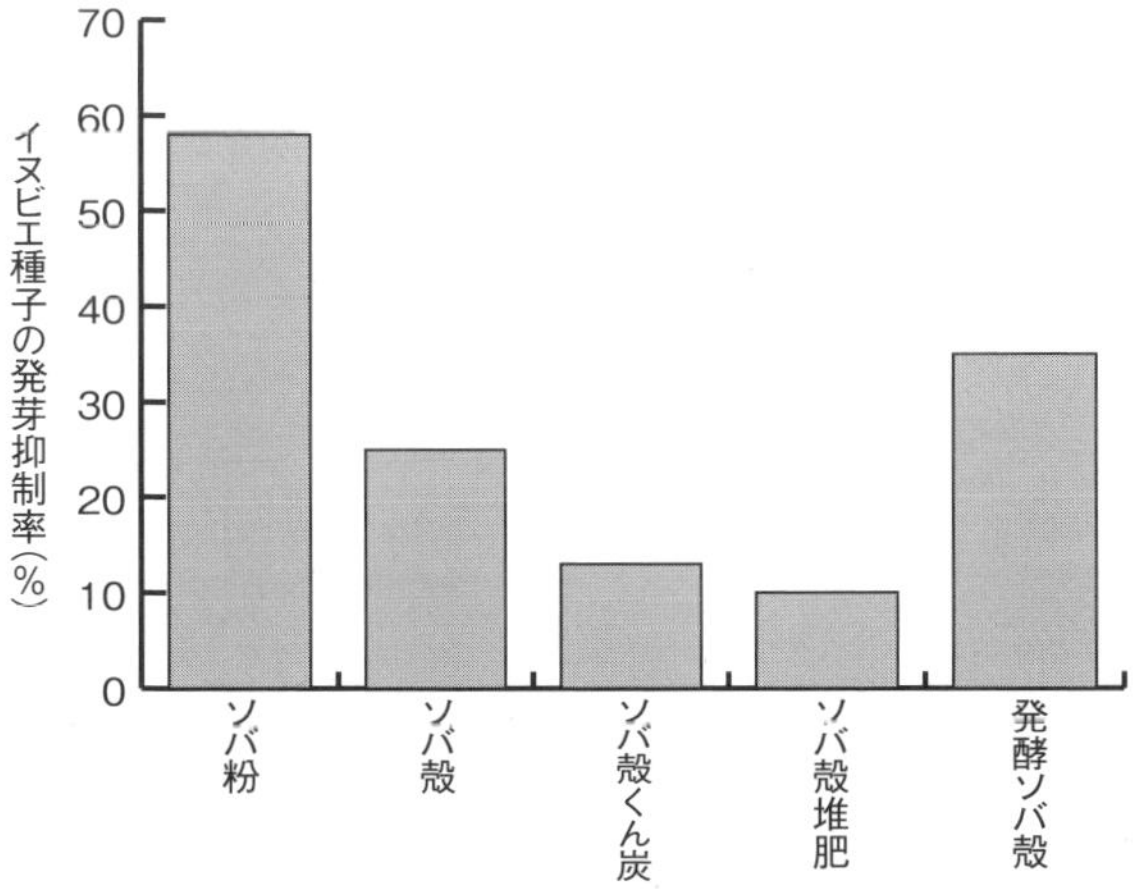

図54　ソバのイヌビエ種子の発芽抑制効果
ソバはイヌビエ種子の発芽を抑える

2 事例2 養蜂とのコラボレーション

アインシュタインの予言

「ミツバチが絶滅したら人類は四年で滅ぶ」とアインシュタインは言いました。

　ミツバチは花から花へと花粉を運んで受粉を助けます。ミツバチがいなくなると、受粉できずに子孫を残せなくなってしまう野生の植物は多いのです。

　もちろん農業にとっても、ミツバチは重要な存在です。養蜂はそのものが畜産業に分類される農業経営ですし、野菜農家にとってはイチゴやトマトなどの農作物の受粉を助けてくれる、なくてはならない存在です。

　ところが最近、養蜂家にとってはミツバチが蜜を集めるための蜜源植物の減少が問題になっています。

　レンゲを栽培する田んぼはほとんど見られなくなりました。

　また、稲作の早期化もレンゲを減少させています。もともとレンゲは田んぼを起こす前に種子を落とします。その種子が秋になって田んぼの水を落とすと発芽してくるのです。

ところが、最近では田植えが早まったために、レンゲが種子をつける前に田んぼを耕すようになりました。そして、田んぼにレンゲの種子が落ちないので、毎年、レンゲの種子を播かなければならないのです。

　また、自然の花も減ってしまっています。特に、夏の花の減少は深刻です。養蜂家の人は、餌を購入してミツバチに与えているほどなのです。

カバープランツのもう一つの役割

　耕作放棄地にカバープランツを植えることは、地域の景観形成に効果があるだけでなく、耕作放棄地の雑草の発生を抑制して害虫の発生を防ぎ、さらに土着天敵を増やすうえでも効果があることをすでに紹介しました。

　さらに、これらの花々が蜜を出せば、ミツバチの蜜源として役立てることもできます。

　そこで、静岡県東部農林事務所では、県東部地域で蜜源植物を耕作放棄地で栽培することを考えました。

　耕作放棄地に花を植えているだけでは、ただの景観形成ですが、養蜂を組み合わせることで営農活動になります。

　そこで養蜂の巣箱のある周辺の耕作放棄地

に蜜源となる植物を植えました。ミツバチの行動範囲はおよそ三キロメートルといわれていますので、そのため、巣箱を置くことによって周辺の三キロメートルの範囲で次々に耕作放棄地が解消されることになったのです。

静岡県東部農林事務所と私たちの研究チームは、以下のような条件で蜜源植物を選びました。

①栽培に手間がかからないこと

②雑草抑制効果が強いこと

イワダレソウ
管理に手間がかからず、雑草を抑える効果も高い蜜源植物

その結果として、ボリジブルー、アップルミント、イワダレソウの三種を選びました。

また、春の蜜源植物としては、蜜が多く、雑草抑制効果の高いレンゲやヘアリーベッチが有望です。

ヘアリーベッチは、根から滲出する物質によって雑草を抑制するアレロパシー効果が高いことで知られています。

また、レンゲは枯れた後の雑草抑制効果はやや劣ります。しかし、少し水を入れることによってレンゲは分解して灰汁を出すため、雑草を抑制します。

レンゲは春の風物詩というのも、常識に縛られた考えかもしれません。高冷地では春にレンゲの種子を播けば、夏に葉を茂らせて花を咲かせます。イネを植えない休耕田ならではのレンゲの栽培です。

耕作放棄ミカン園を解消した秘策

田んぼや畑に比べて、樹園地の耕作放棄地の解消は深刻です。

もともとの果樹を抜かないと別の作物を作ることができないのです。また、山の斜面に開かれている畑も多く、作業が大変です。

養蜂とコラボし、蜜源植物として利用する

種　名	開花時期		草　丈	特徴・利用の仕方
ボリジブルー	一年草	5～9月	60～80cm	若芽をサラダに、花をケーキの飾りや砂糖菓子に、葉と花をハーブティーや油、薬、入浴剤として利用可能
アップルミント	多年草	7～9月	60～100cm	ハーブティーやサラダ（生）、肉・魚料理、ビネガー、ソースに利用できる。入浴剤、ローションなどでも青りんごの香りを楽しめる
イワダレソウ	多年草	6～8月	10cm前後	茎は横に這い、節から根を出してよく広がる。寒さ、暑さ、乾燥に強い。暖地では冬季も葉は常緑で残る
レンゲ	一年草	4～6月	10～30cm	古くから緑肥作物や牛の飼料利用されてきた。蜜源植物の代表で、ゆでた若芽は食用にもなる
ヘアリーベッチ	一年草	5～6月	50cm前後	窒素固定により緑肥として利用されるほか、被覆力が強く、アレロパシー作用による雑草防止効果もある

図55　蜜源となる主なカバープランツ

耕作放棄ミカン園
耕作放棄ミカン園を活用した養蜂。養蜂とのコラボは耕作放棄地に新たな営農の可能性を与えてくれる（写真：静岡県東部農林事務所）

商品化されたみかんの蜂蜜
みかんの蜂蜜が福祉施設で野菜のピクルスづくりに使われるなど、新たな輪も広がっている（写真：静岡県東部農林事務所）

ことで耕作放棄地を解消する。静岡県東部農林事務所は、このアイデアをさらに進めました。

耕作放棄されているミカン園のミカンの花を、ミツバチの蜜源とすることを考えたのです。

ミカン栽培が行なわれているミカン園にとっては、ミツバチは歓迎すべき存在ではありません。温州みかんは蜂の交配がなくても実を結ぶ単為結果という特徴をもっています。しかも、ミツバチなどの昆虫が花を訪れるときに子房に傷がつくと、それがミカンの傷になってしまうこともあるのです。

そのため、栽培が行なわれているミカン園では、花に昆虫が来ないように農薬を撒くこともあります。

ところが、放棄ミカン園には農薬は一切、撒かれません。ミツバチは安心して存分に蜜を吸うことができます。

また農家にとっても、摘果や収穫などの作業は必要ありません。下草刈りのような最低限の管理で営農活動となるのです。

現在、こうして作られたミカンの蜂蜜は、地元の特産品として販売されています。

最近ではミツバチの減少が問題になっています。ミツバチは環境の変化に敏感な生きものです。

ミツバチの行動範囲は半径三キロメートルにもなるといわれています。

ミツバチが健全だということは、半径四キロメートルの範囲で、その地域は環境が良いことの指標となるかもしれません。

参考文献

Altieri, M. A., and D. K. Letourneau. 1982. Vegetation management and biological control in agroecosystems. Crop Protection 1, 405-430.

浅井元朗・與語靖洋．2005．関東・東海地域の麦作圃場におけるカラスムギ，ネズミムギの発生実態とその背景．雑草研究 50，73-81.

浅見佳世・中尾昌弘・赤松弘治・田村和也．2001．水生生物の保全を目的とした放棄水田の植生管理手法に関する事例研究，ランドスケープ研究 64（5），571-576.

馬場友希・吉武啓・栗原隆・楠本良延・吉松慎一．2011．農地周辺の草地における植生とクモ類の関係．Acta Arachnologica 59（2），122-123

Bechinski, E.J., J.F. Bechinski and L.P. Pedigo 1983. Survivorship of experimental green cloverworm （Lepidoptera: Noctuidae） pupal cohorts in soybeans. Environ. Entomol. 12, 662-668.

Berndt, L. A., Wratten, S. D. and Hassan, P. G.. 2002. Effects of buckwheat flowers on leafroller parasitoids in a New Zealand vineyard. Agricultural and Forest Entomology 4, 39-45.

Bohan, D.A., A. Boursault, D.R. Brooks and S. Petit 2011. National-scale regulation of the weed seedbank by carabid predators J. Appl. Ecol. 48, 888-898.

Boller, E. F., Häni, F., and Poehling, H-M. 2004. Ecological infrastructures: ideabook on functional biodiversity at the farm level. Landwirtschaftliche Beratungszentrale Lindau, pp1-212.

Brust, G.E. 1994. Seed-predators reduce broadleaf weed growth and competitive ability. Agric. Ecosyst. Environ. 48, 27-34.

Bugg, R. L., C. Waddongton. 1993. Using cover crops to manage arthropod pests of orchards: a review. Agricykture, Ecosystem. Ecology Letters 6, 87-865.

Burgess, L. and C.F. Hinks 1987. Predation on adults of the crucifer flea beetle, *Phyllotreta cruciferae* （Goeze）, by the northern fall field cricket, *Gryllus pennsylvanicus* Burmeister （Orthoptera: Gryllidae）. Can. Entomol. 119, 495-496.

Cardina, J., H.M. Norquay, B.R. Stinner and D.A. McCartney 1996. Postdispersal predation of velvetleaf （*Abutilon theophrasti*） seeds. Weed Sci. 44, 534-539.

Carmona, D.M., F.D. Menalled and D.A. Landis 1999. *Gryllus pennsylvanicus* （Orthoptera: Gryllidae）: laboratory weed seed predation and within field activity-density. J. Econ. Entomol. 92, 825-829.

Crawley, M.J. 2000. Seed predators and plant population dynamics. In: "Seeds: The Ecology of Regeneration in Plant Communities" ed. by M. Fenner, 2nd ed., CABI Publishing, New York, pp. 167-182.

Davis, A.S and S. Raghu 2010. Weighing abiotic and biotic influences on weed seed predation. Weed Res. 50, 402-412.

Davis R. R. 1958. The effect of other species and mowing height on persistence of lawn grasses

Dernoeden PH, Carroll MJ and Krouse JM （1992） Weed management and tall fescue quality as influenced by mowing, nitrogen, and herbicides. Crop Sci. 33, 1055-1061.

Evans, D.M., M.J.O. Pocock, J. Brooks and J. Memmott 2011. Seeds in farmland food-webs: Resource importance, distribution and the impacts of farm management. Biol. Conserv. 144, 2941-2950.

Fagerness MJ and Yelvertonb FH. 2001. Plant growth regulator and mowing height effects on seasonal root growth of penncross creeping bentgrass. Crop Sci. 41, 1901-1905.

藤井義晴・渋谷知子．1992．ヘアリーベッチ（*Vicia villosa*）のアレロパシー―活性の評価と圃場における雑草抑制―，雑草研究 37（別），160.

参考文献

藤井義晴・余田康郎・小野信一．1993．アレロパシー活性の高い緑肥作物を利用した雑草防除—実用性の高い植物種の検索とヘアリーベッチ等有望植物の圃場試験—，雑草研究 38（別），144.

藤巻雄一・森山重信・小嶋昭雄．1980．カメムシ類による斑点米の防除法の再検討．北陸病虫研報 28，51-53.

藤原伸介・花野義雄・藤井義晴．1998．ヘアリーベッチを利用した休耕田の管理，雑草研究 43（別），172.

福岡県．2006．ふくおか農のめぐみ 100　生きもの目録作成ガイドブック

林 英明．1986．アカスジメクラガメの生態と防除，植物防疫 40（7），15-20.

林 英明．1997．斑点米カメムシ発生層の変遷と防除対策．植物防疫 51，455-461.

林 英明・中沢啓一．1988．アカスジメクラガメの生態と防除に関する研究，広島県立農業試験場報告，51，45-53.

Heggenstaller, A.H., F.D. Menalled, M. Liebman and P.R. Westerman 2006, Seasonal patterns in post-dispersal seed predation of *Abutilon theophrasti* and *Setaria faberi* in three cropping systems. J. Appl. Ecol. 43, 999-1010.

樋口博也．2010．斑点米被害を引き起こすカスミカメムシ類の生態と管理技術．日本応用動物昆虫学会誌 54，171-188.

Honek, A., Z. Martinkova and V. Jarosik 2003. Ground beetles（Carabidae）as seed predators. Eur. J. Entomol. 100, 531-544.

Honek, A., P. Saska and Z. Martinkova 2006. Seasonal variation in seed predation by adult carabid beetles. Entomol. Exp. Appl. 118, 157-162.

Hoyle JA（2009）Effect of Mowing Height in Turfgrass Systems on Pest Incidence. Master's thesis of North Carolina State University.

市原実．2012．農地生態系における雑草と種子食昆虫の生物間相互作用：IPM への適用可能性．植物防疫 66(4)，216-219.

市原実．2012．種子食昆虫による雑草種子の低減効果．植調 46（3），97-103.

市原　実・山下雅幸・澤田　均・石田義樹・稲垣栄洋・木田揚一・浅井元朗．2010．コムギ - ダイズ連作圃場における外来雑草ネズミムギ（*Lolium multiflorum Lam.*）の埋土種子動態と出芽動態—耕起体系と不耕起体系の比較．雑草研究 55，16-25.

Ichihara, M., K. Maruyama, M. Yamashita, H. Sawada, H. Inagaki, Y. Ishida, and M. Asai. 2011. Quantifying the ecosystem service of non-native weed seed predation provided by invertebrates and vertebrates in upland wheat fields converted from paddy fields. Agriculture, Ecosystems and Environment 140（1-2）, 191-198.

Ichihara, M., K. Maruyama, M. Yamashita, H. Sawada, H. Inagaki, Y. Ishida and M.Asai 2011. Quantifying the ecosystem service of non-native weed seed predation provided by invertebrates and vertebrates in upland wheat fields converted from paddy fields. Agric. Ecosyst. Environ. 140, 191-198.

Ichihara, M., H. Inagaki, K. Matsuno, C. Saiki, M. Yamashita and H. Sawada 2012. Post-dispersal seed predation by *Teleogryllus emma*（Orthoptera: *Gryllidae*）reduces the seedling emergence of a non-native grass weed, Italian ryegrass（*Lolium multiflorum Lam.*）. Weed Biol. Manage. 12, 131-135.

飯村茂之．2004．岩手県におけるアカスジカスミカメの休眠性．北日本病虫研報 55，113-116.

飯村茂之．斎藤誉志美．後藤純子．2004．岩手県におけるアカスジカスミカメの発生消長．北日本病虫研報 55，117-121.

稲垣栄洋・大石智広・松野和夫・高橋智紀・伴野正志．2008．静岡県菊川流域における植生の異なる休耕田にみられる動植物，日本緑化工学会誌 34，269-272.

稲垣栄洋・松野和夫・高橋智紀・大石智広・根岸春奈・山下雅幸．2009．希少植物種が自生する休耕田におけるヒエ類の抑制，日本緑化工学会誌 34，174-177.

稲垣栄洋・松野和夫・大石智広・高橋智紀．2010．棚田畦畔の草刈り管理がコモリグモ類の個体数の動態に及ぼす影響．農村計画学会誌 28：267-272.

稲垣栄洋・丹野夕輝・山下雅幸・済木千恵子・松野和夫・市原　実．2012．高刈りによるイネ科雑草と斑点米カメムシの抑制．「農業技術体系作物編追録33」，農文協，東京，pp.1077-1081.

稲垣栄洋・松野和夫・市原実・済木千恵子・丹野夕輝・山下雅幸．2011．低寸刈りによる斑点米カメムシ寄主雑草の抑制効果．雑草研究56（別），163.

稲垣栄洋・市原実・松野和夫・済木千恵子．2012．水田畦畔の植生管理の違いが斑点米カメムシおよび土着天敵の個体数に及ぼす影響．日本緑化工学会38：240-243.

稲垣栄洋．2012．耕作放棄地を地域の力に．耕作放棄地と楽しくつきあう（共著）．季刊地域2012（9）．農文協，185-190.

稲垣栄洋．2012．高刈りでカメムシが減るしくみ．現代農業7月号．農文協：66-71.

生方雅男．2008．北海道における水田畦畔へのグラウンドカバープランツ導入指針，農業および園芸83（4），463-473.

Isaacs, R., J. Tuell, A. Fiedler, M. Gardiner and D. Landis 2009. Maximizing arthropod-mediated ecosystem services in agricultural landscapes: the role of native plants. Front. Ecol. Environ. 7, 196-203.

伊藤清光．2004．近年の斑点米カメムシ類の多発生とその原因－水田の利用状況の変化．北日本病害虫研究会報55，134-139.

Jacob, H.S., D.M. Minkey, R.S. Gallagher and C.P. Borger 2006. Variation in postdispersal weed seed predation in a crop field. Weed Sci. 54, 148-155.

香川理威・伊藤　昇・前藤　薫 2008．小スケールのモザイク植生で構成される農地景観における歩行虫類の種構成．昆蟲（ニューシリーズ）11，75-84.

角龍市朗・伊藤操子・伊藤幹二 2007．防草シートを利用したシバザクラ植被形成における雑草の影響とその防除．雑草研究52，57-65.

柏原一凡・夏原由博・森本幸裕．2005．環境と植生の異なる放棄水田における草刈および耕起による植生変化の事例．ランドスケープ研究68（5），669-674.

加藤静夫・斉藤誠・大平幸子．1950．スーダングラスの害虫アカスジメクラガメ．応用昆虫3，149.

川口佳則・井上拓弘・沖 陽子 2012．センチピードグラスおよびヒメイワダレソウを植栽した滋賀県内の畦畔における雑草発生の現状把握．雑草研究57，9-13.

桐谷圭治．2007．地球温暖化と土地利用の変化によるカメムシ問題．植物防疫61，359-363.

小林四郎・柴田広秋．1973．水田とその周辺におけるクモ類の個体群変動，害虫の生態的防除と関連して．日本応用動物昆虫学会誌4，193-202.

小林徹也．2007．アカヒゲホソミドリカスミカメとアカスジカスミカメの飛翔速度の測定．北日本病虫研報58，96-98.

Kobayashi, T. 2008. Development of polymorphic microsatellite markers for the sorghum plant bug, *Stenotus rubrovittatus*（Heteroptera : Miridae）. Mol. Ecol, Res. 8, 690-691.

Takada, M., S. Takagi, A. Yoshioka and I. Washitani 2011. Spider predation on a mirid pest in Japanese rice fields. Basic Appl. Ecol. 12, 532-539.

Kobayashi, T., M. Takada, S. Takagi, A. Yoshioka and I. Washitani 2011. Spider predation on a mirid pest in Japanese rice fields. Basic Appl. Ecol. 12, 532-539.

Kremen, C. and R.S. Ostfeld 2005. A call to ecologists: measuring, analyzing, and managing ecosystem services. Front. Ecol. Environ. 3, 540-548.

栗田英治・嶺田拓也・石田憲治・芦田敏文・八木洋憲．2006．生物・生態系保全を目的とした水田冬期湛水の展開と可能性．農土誌74，713-717.

桑澤久仁厚・中村寛志．2006．カメムシ類の発生量と斑点米被害の関係および畦畔の草刈りがカメムシ類の発生に及ぼす影響について．信州大学農学部AFC報告4，57-63.

Lee, J. C., and Heimpel G.E. 2005. Impact of flowering buckwheat on Lepidopteran cabbage pests and their parasitoids at two spatial scales. Biological Control. 34, 290-301.

李　哲敏・長井良浩・広渡俊哉・石谷正宇・石井　実 2008．圃場整備による水田畦畔のゴミムシ類群集の変化．昆虫と自然 43，6-10.

Lundgren, J.G. and K.A. Rosentrater 2007. The strength of seeds and their destruction by granivorous insects. Arthropod Plant Interact. 1, 93-99.

松野和夫・稲垣栄洋・大石智広・高橋智紀．2008．植生の異なる休耕田における斑点米カメムシの発生消長の比較，第 52 回日本応用動物昆虫学会大会講演要旨，54.

Mauchline, A.L., S.J. Watson, V.K. Brown and R.J. Froud-Williams 2005. Post-dispersal seed predation of non-target weeds in arable crops. Weed Res. 45, 157-164.

Menalled, F.D., P.C. Marino, K.A. Renner and D.A. Landis 2000. Post-dispersal weed seed predation in Michigan crop fields as a function of agricultural landscape structure. Agric. Ecosyst. Environ. 77, 193-202.

嶺田拓也・日鷹一雅・榎本敬・沖陽子．1997．レンゲ草生マルチを活用した不耕起直播水稲作における雑草の発生消長，雑草研究 42（2），88-96.

嶺田拓也・石田憲治・飯島孝史・松森賢治．2003．中山間地における休耕田の保全管理形態と水田機能維持のための植生指標．2003 年度農村計画学会論文集，27-28.

Miyashita, K. 1969. Seasonal changes of population density and some characteristics of overwintering Nymph of Lycosa T-insignita BOES. Et STR.（Araneae: Lycosidae）. Appl. Ent. Zool. 4, 1-8.

Miyashita, T., Takada, M.,and Shimazaki, A. 2003. Experimental evidence that aboveground predators are sustained by underground detritivores. Oikos 103, 31-36.

嶺田拓也・石田憲治 2008．冬期湛水田における水位管理と雑草の発生（1）宮城県大崎市伸崩地区の事例．雑草研究 53（別），34.

Moonen, A.C., B-rberi, P.. 2008. Functional biodiversity: An agroecosystem approach. Agriculture, Ecosystems and Environment. 127, 7-21.

長澤淳彦．2007．アカヒゲホソミドリカスミカメおよびアカスジカスミカメの産卵するイネ科雑草．北陸病虫研報 56，29-31.

中本学・関岡裕明・下田路子・森本幸裕．2002．復田を組み入れた休耕田の植生管理．ランドスケープ研究 65(5)，585-590.

Navntoft, S., S.D. Wratten, K. Kristensen and P. Esbjerg 2009. Weed seed predation in organic and conventional fields. Biol. Cont. 49, 11-16.

新山徳光．2000．アカヒゲホソミドリカスミカメ．植物防疫 54，309-312.

農研機構畜産草地研究所 . 2010. ミツバチ不足に関する調査研究報告書 . pp1-16.

農林水産省農林水産技術会議事務局・農業環境技術研究所・農業生物資源研究所．2012．農業に有用な生物多様性の指標生物調査・評価マニュアルⅠ　調査法・評価法．pp1-64.

O'Rourke, M.E., A.H. Heggenstaller, M. Liebman and M.E. Rice 2006. Post-dispersal weed seed predation by invertebrates in conventional and low-external-input crop rotation systems. Agric. Ecosyst. Environ. 116, 280-288.

大黒俊哉．1998．生物多様性を保全する場としての休耕田．研究ジャーナル，21（12），38-42.

大黒俊哉・有田博之・山本真由美・友正達美．2001．中山間地域における耕作放棄水田の植生変化が復田作業に及ぼす影響．農村計画学会論文集 3，211-216.

Okubo S, Kamiyama A Kitagawa Y, Yamada S, Palijon A and Takeuchi K. 2005. Management and micro-scale landform determine the ground flora of secondary woodlands and their verges in the Tama Hills of Tokyo, Japan. Biodiversity and Conservation 14, 2137-2157

大谷一郎・渡辺　修・伏見昭秀 2007．畦畔法面への利用を前提としたグラウンドカバープランツの生育および土壌保全機能と植栽斜面方位との関係．近中四農研報 6，39-53.

Oraze, M. J., A. A. Grigarick and K. A. Smith. 1989. Population ecology of Pardosa raulosa (Araneae, Lycosidae) in flooded rice fields of northern Carifornia. J. Arachnol 17, 163-170.

Platt, J. O., Caldwell, J. S., and Kok, L. T.. 1999. Effect of buckwheat as a flowering border on populations of cucumber beetles and their natural enemies in cucumber and squash. Crop Prot. 18, 305-313.

Rees, M. and R. L. Hill 2001. Large-scale disturbances, biological control and the dynamics of gorse populations. J. Appl. Ecol. 38, 364-377.

Pluess T. et al. 2010. Non-crop habitats in the landscape enhance spider diversity in wheat fields of adesert agroecosystem. Agric. Ecosyst. Environ. 137, 68-74.

Poncavage, J. 1991. Beneficial borders. Organic Gardening 39, 42-45.

櫻井雄二・矢野和之. 2005. 湛水休耕田における動物相とその生育量. 農業土木学会誌 73 (9), 801-804.

Sasaki, H. and Wagatsuma T. 2007. Bumblebees (Apidae: Hymenoptera) are the main pollinators of common buckwheat, Fogopyrum esculentum, in Hokkaido, Japan. Appl. Entomol. Zool. 42, 659-661.

笹波隆文・川原幸夫. 1970. 本田に生息するクモ類の捕食性天敵としての役割. 植物防疫 24, 355-360.

関岡裕明・下田路子・中本学・水澤智・森本幸裕. 2000. 水生植物および湿性植物の保全を目的とした耕作放棄水田の植生管理, ランドスケープ研究, 63 (5), 491-494.

Shea, K., D. Kelly, A. W. Sheppard and T. L. Woodburn 2005. Context-dependent biological control of an invasive thistle. Ecology 86, 3174-3181.

柴卓也. 2006. 耕作放棄地等の放牧利用が周辺作物に及ぼす虫害リスクとその対策. 農業技術 61 (7), 313-315.

柴卓也・菅原幸哉・神田健一. 2002. エンドファイト感染によるペレニアルライグラスの耐虫性の向上(寄主選択・耐虫性). 日本応用動物昆虫学会大会講演要旨 (46), 135.

柴卓也・菅原幸哉・神田健一. 2003. ペレニアルライグラスへのエンドファイト感染がアカヒゲホソミドリカスミカメの生育に及ぼす影響. 日本草地学会誌 49 (別), 312-313.

柴卓也・佐々木亨・笠井恵理・菅原幸哉・神田健一. 2004. エンドファイト感染牧草のアカヒゲホソミドリカスミカメに対する耐虫性. 日本草地学会誌 50, 226-227.

Shiba, T., Sugawara K.. 2005. Resistance to the rice leaf bug, *Trigonotylus caelestialium*, is conferred by Neotyphodium endophyte infection of perennial ryegrass, *Lolium perennne*. Entomologia Experimentalis et Applicata 115, 387- 392.

柴卓也・菅原幸哉・神田健一. 2007. イタリアンライグラスに Neotyphodium エンドファイトが感染するとアカヒゲホソミドリカスミカメ抵抗性が向上する. 日本応用動物昆虫学会大会講演要旨 (51), 103.

Shiba, T., Sugawara K., and Kasai, E.. 2007. Resistance to the rice leaf bug (*Trigonotylus caelestialium*) is conferred by Neotyphodium endophyte infection of Italian ryegrass, *Lolium multiflorum*. Grassland Science 53, 205-209

柴卓也・菅原幸哉・神田健一. 2008. エンドファイトが産生する N-formylloline がアカヒゲホソミドリカスミカメの生存に及ぼす効果の検証日本応用動物昆虫学会大会講演要旨 (52), 51.

Shiba, T., Sugawara K.. 2009. Fungal loline alkaloids in grass- endophyte associations confer resistance to the rice leaf bug, *Trigonotylus caelestialium*. Entomologia Experimentalis et Applicata 130, 55-62.

Shiba, T., Sugawara K.. 2010. Inhibitory effects of an endophytic fungus, Neotyphodium loloo, on the feeding and survival of *Ostrinia furnacalis* (Guenee) (Lepidoptera: Pyralidae) and seamia inferens (Walker) (Lepidoptera: Noctuidae) on infected *Lolium perenne*. Applied Entomology and Zoology 4, 225-231.

Shiba, T., Sugawara K.. Arakawa, A., 2011. Evaluating the fungal endophyte Neotyphodium occulatans for resistance to the rice leaf bug, *Trigonotylus caelestialium*. In Italian ryegrass, *Lolium multiflorum*. Entomologia Experimentalis et Applicata 141, 45-51.

Sigagaard, L. 2000. Early season natural in rice by spiders and some factors in the management of the cropping system that may affect this control. European Arachnology 2000, 57-64.

重久眞至・保積直史. 2008. 3種のイネ科雑草におけるアカスジカスミカメの越冬について. 関西病虫研報 50. 159 160.

清水矩宏. 1998. 水田生態系における植物の多様性とは何か」農林水産省農業技術研究所編「水田生態系における生物多様性」養賢堂.

静岡県農林技術研究所環境水田プロジェクト. 2010. 米とグリーンツーリズムに関するアンケート調査結果報告書.

Shuler, R.E., A. DiTommaso, J.E. Losey and C.L. Mohler 2008. Postdispersal weed seed predation is affected by experimental substrate. Weed Sci. 56, 889-895.

Stephens, M. J., France, C. M., Wratten, S. D., Frampton, C.. 1998 Enhancing biological control of leafrollers (Lepidoptera: Tortricidae) by sowing buckwheat (Fagopyrum esculentum) in an orchard. Biocontrol Sci Technol 8, 547-558.

菅原幸哉. 2011. エンドファイトの農業利用の現状と将来展望. Mycotoxins 61 (1), 25-30.

Sugawara, K., Inoue, T., Yamashita, M., and Ohkubo, H.. 2006. Distribution of endophytic fungus, Neotyphodium occultans in naturalized Italian ryegrass in western Japan and its production of bioactive alkaloids known to repel insects pests. Grassland science 52, 147-152.

高田まゆら・岩渕成紀・嶺田拓也・鷲谷いづみ. 2008. アカスジカスミカメムシの個体数決定に影響を及ぼす水田内外の環境要因の解明. 日本応用動物昆虫学会大会講演要旨 (52), 50.

高田まゆら・小林徹也・高木俊・吉岡明良・鷲谷いづみ. 2011. 環境保全型水田におけるクモ類の天敵としての役割. Acta Arachnologica 59 (2), 117-118.

Takada, M.B., A. Yoshioka, S. Takagi, S. Iwabuchi and I. Washitani 2011. Multiple spatial scale factors affecting mirid bug abundance and damage level in organic rice paddies. Biol. Cont. 60, 169-174.

高松修・中島紀一・可児晶子. 1993. 安全でおいしい有機米づくり, 家の光協会 ,pp.34-103.

武田 藍・安田美香・田渕 研・奥 圭子・安田哲也・渡邊朋也. 2010. アカスジカスミカメの水田侵入量と被害に影響を及ぼす要因1, 大規模発生源からの距離, 第54回日本応用動物昆虫学会大会講演要旨集, 129.

Taki, H., K. Okabe, Y. Yamaura, T. Matsuura, M. Sueyoshi, S. Makino and K. Maeto (2010) Effects of landscape metrics on *Apis* and non-*Apis* pollinators and seed set in common buckwheat. Basic Appl. Ecol. 11, 594-602.

田中利依・有馬進・鄭紹輝. 2006. ヘアリーベッチのアレロパシーによる雑草抑制効果, Coastal Bioenvironment, 7, 9-14.

丹野夕輝・市原実・山下雅幸・澤田均・稲垣栄洋. 2009. 草刈り高の違いが棚田畦畔の植生に及ぼす影響. 雑草研究, 54別, 38.

丹野夕輝・根岸春奈・市原実・山下雅幸・澤田均・稲垣栄洋. 2010. 草刈り強度の違いが水田畦畔植生へ及ぼす影響 —伝統的棚田と慣行水田の比較—. 雑草研究, 55別, 44.

寺本憲之. 2003. 斑点米カメムシ類の個体数抑制を考慮した畦畔管理技術. 滋賀県農業総合センター農業試験場研究報告 (43), 47-70.

Thomas, M. B., Wratten, S. D., and Sotherton. N. W.. 1991. Creation of ‘island’ habitats in farmland to manipulate populations of beneficial arthropods: predator densities and emigration. Journal of Applied Ecology 28, 906-917.

Tylianakis, J. M., Didham, R. K., and Wratten, S. D.. 2004. Improved fitness of aphid parasitoids receiving resource subsidies. Ecology. 85, 658-666.

Vollhardt, I. M. G., Bianchi,F: J. J. A., Wäckers, F. L., Thies, C. and Tscharntke. T. 2010. Nectar vs. honeydew feeding by aphid parasitoids: does it pay to have a discriminating palate- Entomologia Experimentalis et Applicata 137, 1-10.

渡邊朋也・樋口博也．2006．斑点米カメムシ類の近年の発生と課題．植物防疫，60（5），201-203.

Westerman, P.R., J.S. Wes, M.J. Kropff and W. van der Werf 2003a. Annual losses of weed seeds due to predation in organic cereal fields. J. Appl. Ecol. 40, 824-836.

Westerman, P.R., A. Hofman, L.E.M. Vet and W. van der Werf 2003b. Relative importance of vertebrates and invertebrates in epigeaic weed seed predation in organic cereal fields. Agric. Ecosyst. Environ. 95, 417-425.

Westerman, P.R., M. Liebman, F.D. Menalled, A.H. Heggenstaller, R.G. Hartzler and P.M. Dixon 2005. Are many little hammers effective? Velvetleaf (*Abutilon theophrasti*) population dynamics in two-and four-year crop rotation systems. Weed Sci. 53, 382-392.

Westerman, P.R., J.K. Borza, J. Andjelkovic, M. Liebman and B. Danielson 2008. Density-dependent predation of weed seeds in maize fields. J. Appl. Ecol. 45, 1612-1620.

White, S.S., K.A. Renner, F.D. Menalled and D.A. Landis 2007. Feeding preferences of weed seed predators and effect on weed emergence. Weed Sci. 55, 606-612.

Wratten, S.D., M. Gillespie, A. Decourtye, E. Mader and N. Desneux 2012. Pollinator habitat enhancement: Benefits to other ecosystem services. Agric. Ecosyst. Environ. 159, 112-122.

Winkler, K., Wäckers F. L. , Bukovinszkine-Kiss G, van Lenteren J. C. 2006. Nectar resources are vital for Diadegma semiclausum fecundity under field conditions. Basic Appl Ecol 7,133-140.

Winkler, K, Wäckers, F. L., Kaufman, L. V., Larraz V. G., van Lenteren, J. C. 2009. Nectar exploitation by herbivores and their parasitoids is a function of flower. Biological Control. 50, 299-306.

Winkler, K., Wäckers F. L., and Termorshuizen, J., van Lenteren, J. C. 2010. Assessing risks and benefits of floral supplements in conservation biological control. BioControl 55,719-727.

養父志乃夫．2005．田んぼビオトープ入門．農文協．pp143-149.

山下伸夫 2011．無脊椎動物による畑地雑草の種子損耗とその雑草管理への利用性．雑草研究 56，182-190.

山田晋・北川淑子・武内和彦．2002．多摩丘陵の湿性休耕田における農的粗放管理について．ランドスケープ研究 65（4），290-293.

山田晋・武内和彦・北川淑子．2000．放棄水田における刈り取り，耕起，代かきが植生に及ぼす影響．農村計画論文集第 2 集，235-240.

山口翔．2012．レンゲ被覆が水田のコモリグモ類に及ぼす影響．静岡大学大学院修士論文.

Yamazaki, K., S. Sugiura and K. Kawamura 2003. Ground beetles (*Coleoptera* : *Carabidae*) and other insect predators overwintering in arable and fallow fields in central Japan. Appl. Entomol. Zool. 38, 449-459.

安田美香．2012．圃場周辺の景観構成は農業害虫の発生量に影響を及ぼしているのか？　斑点米カメムシ類の事例．植物防疫 66．（7）．366-370.

湯浅和宏．2004．斑点米カメムシ類に対する水田畦畔雑草管理の目的は何か？（斑点米カメムシ問題を考える—イネ科植物の質的・量的変動とカメムシ個体群の動態）．日本応用動物昆虫学会大会講演要旨 48，190.

湯浅和宏．2006．水田畦畔雑草と斑点米カメムシ類および斑点米発生の関係．植物防疫，60（5），211-214.

Zartman.RE, McKenney CB, Wester DB, Sosebee RE, Borrelli JB. 2011. Precipitation and mowing effects on highway rights-of-way vegetation height and safety. Landscape and Ecological Engineering 18, 1-9.

Zhang, J., F.A. Drummond, M. Liebman and A. Hartke 1997. Insect predation of seeds and plant population dynamics. MAFES Tech. Bull. 163, 32pp.

おわりに――地域の力を農業の力に

私たちプロジェクトチームは、特筆すべき大きな特徴があります。

それは、さまざまな分野の研究者が集まって、一つのチームを形成しているという点です。

まず、雑草研究者と害虫研究者が一つのチームのなかにいます。当たり前のように思えるかもしれませんが、こういう例はあまりありません。

これまで雑草防除と害虫防除は、それぞれ別々の体系で研究が進められてきました。しかし、田んぼや畑では雑草と害虫とは、相互に関係しながら、暮らしています。

いっしょにデートをしたはずなのに、男性と女性で思い出がまったく違うことがあります。いっしょに時間と場所を共有していても、見ているものや興味が違うのです。男と女ばかりではありません。専門家と呼ばれる研究者でも、このようなことはよく起こります。

害虫の研究者は小さな虫に焦点を合わせて、よく見つけます。ところが、そのまわりにどんな草が生えていたのかということはよく見えていません。逆に、雑草研究者はどんな草が生えていたかはよく覚えていますが、草についている虫はなかなか目に入りません。

同じものを見ていても視点がまったく違うのです。

そこで、私たちの研究チームでは、できるだけ害虫の研究者と雑草の研究者がいっしょにフィールド調査を行なうようにしました。ときには害虫の研究者がものさしを持って雑草を調査し、あるときには雑草の研究者が捕虫網を持って害虫の調査をします。

害虫の研究者にとっては当たり前のことでも雑草の研究者は気付かないことがたくさんあります。逆に雑草研究者の目のつけどころが、害虫研究者にとっては目から鱗のこともあります。こうして、複眼的な目で地域の生態系を丹念に調べていったのです。

「地域の力を農業の力に」

この研究テーマを推進するために、さらに私たちのチームでは、「地域」という視点を深めるために農村社会学の研究者を入れました。自然科学の研究チームの中に社会科学の研究者が加わることは、海外ではよく見られますが、日本ではあまり聞きません。

このように異分野の研究者が集まって一つのチームを実現できたことは、この研究プロジェクトの自慢です。

さまざまなメンバーが集まった「多様性」がこのプロジェクトの大きな力でした。

異なる者同士が、それぞれその役割を発揮して有機的に結びついたとき、多様性は力を発揮します。

今、「多様性」という言葉が注目されています。一つの生きものがたくさんいるよりも、たくさんの種類の生きものが共存していることのほうが、豊かです。

日本の農村は、田んぼや畑、家屋敷、屋敷林、小川、土手、里山などさまざまな要素がモザイク状に分布して、複雑な景観を成しています。このような景観の多様性が生物の多様性を支えています。

日本では村によって、気候や土壌が違います。このような風土の違いによって、さまざまな農業が営まれています。そして、農業の違いによって、さまざまな食や祭りや風習があります。このような地域の多様性は、日本の農業の大きな力となっています。

そして今、地域活動によって、さまざまな人たちが地域に関わろうとしています。このような人の多様性もまた、地域の農業の大きな力となることでしょう。

「地域の力を農業の力に」をテーマに研究を進めた私たちがたどりついたもう一つの答えは、地域の力が農業の力になるように、「農業の力もまた地域の力になる」ということでした。

地域の農業は地域の環境や景観を保全します。地域の農業が元気であれば、地域の暮らしをまた元気づけます。農業があるということは、地域にとって財産であり、また、武器でもあるのです。

数年前にドイツ南部に調査に訪れたときに印象的だったのは、ドイツ南部の村々では課題を抱える地域の商業や工業が地域ブランドの素材を探し求めた結果、農業にたどりついているということでした。農業は地域の気候風土のなかで育まれてきました。地域の歴史や文化とも強く結びついています。地域らしさを求めると、そこには農業があるのです。こうして、ドイツでは地域農業を中心に、商業者や工業者や市民が連携して、地域づくりが行なわれていました。

本書で紹介したように、地域保全活動は営農活動の大きな力になります。そして、地域にとっても農業があることは力となるのです。

おわりに

最後になりましたが、本プロジェクト研究を推進するにあたり、御協力、御支援いただいた共同研究機関、関係各位、調査にご協力いただいた地域の皆さんに心より感謝します。また、本書の出版にご尽力いただきました農山漁村文化協会の田中克樹さん、農文協プロダクションの浅山和子さん、すてきなイラストを描いていただきました母袋秀典さんに厚くお礼申しあげます。

平成二十五年三月

プロジェクトリーダー　稲垣栄洋

静岡県農林技術研究所
農村植生管理プロジェクト
メンバー紹介

稲垣 栄洋（いながき ひでひろ）

研究分担：プロジェクト研究の総括

静岡県静岡市生まれ。岡山大学大学院農学研究科修了。農学博士(岐阜大学)。専門は雑草生態学。

著書：『Weeds: Management, Economic Impacts and Biology』（共著、NOVA, 2009)、『Glocal Environmental Education』（共著、Springer)、『Science Against Microbial Pathogens; Communicating Current Research and Technological Adovances』（共著、Formatex research center)、『身近な雑草の愉快な生きかた』『身近な野菜のなるほど観察録』（ちくま文庫)、『蝶々はなぜ菜の葉に止まるのか』（角川ソフィア文庫)、『都会の雑草、発見と楽しみ方』（朝日新書)、『雑草は踏まれても諦めない』（中公新書ラクレ)、『雑草に学ぶ「ルデラル」な生き方』（亜紀書房)、『田んぼの営みと恵み』『田んぼの生きもの誌』（創森社)、『静岡県 田んぼの生き物図鑑』（共著、静岡新聞社)、『雑草学用語事典』（分担執筆、日本雑草学会）ほか多数。

済木 千恵子（さいき ちえこ）

研究分担：ファーマーズマーケットやツーリズム等の農業を活用した地域ビジネスに関する研究

静岡県掛川市生まれ。千葉大学園芸学部卒業。専門は農業経営学。

松野 和夫（まつの かずお）

研究分担：斑点米カメムシの防除技術と水稲害虫の天敵の保全・増殖に関する研究

愛知県生まれ。東京農工大学大学院中退。専門は応用昆虫学。

著書：『静岡の棚田研究　その恵みと営み』（共著、静岡新聞社）

市原　実（いちはら みのる）

研究分担：種子食性昆虫を活用した雑草抑制技術の開発

千葉県生まれ。岐阜大学大学院連合農学研究科博士課程修了。農学博士。専門は雑草生態学。

著書：『静岡の棚田研究 その恵みと営み』（共著、静岡新聞社)、『しずおか自然史』（共著、静岡新聞社)、『雑草学辞典』（分担執筆、日本雑草学会）

［執筆者］
静岡県農林技術研究所 農村植生管理プロジェクト
稲垣 栄洋（プロジェクトリーダー）
済木 千恵子
松野 和夫
市原 実

［連絡先］
〒438-0803 静岡県磐田市富丘678-1
Tel.0538-35-7211　　Fax.0538-37-8466
URL　http://www.agri-exp.pref.shizuoka.jp/

害虫・雑草を抑え、天敵を増やす
地域の植生管理

2013年3月25日　発行

著　　者　静岡県農林技術研究所 農村植生管理プロジェクト

発 行 所　社団法人　農山漁村文化協会
〒107-8668　東京都港区赤坂7丁目6-1
Tel.03-3585-1141（営業）　03-3585-1144（編集）
Fax.03-3585-3668
振替　00120-3-144478
URL　http://www.ruralnet.or.jp/

ISBN978-4-540-12250-7
〈検印廃止〉

DTP制作／㈱農文協プロダクション
印刷・製本／協和オフセット印刷㈱
定価はカバーに表示

地域に生き実践する人々から新しい視点を汲み取り、
時代を拓く新しい言葉・論理として提起する！

シリーズ地域の再生（全21巻）

既刊本より　（いずれも、2600円＋税）

2 共同体の基礎理論
自然と人間の基層から
内山　節著

市民社会へのゆきづまり感が強まるなかで、新しい未来社会を展望するよりどころとして、むら社会の古層から共同体をとらえ直す。

5 地域農業の担い手群像
土地利用型農業の新展開とコミュニティビジネス
田代洋一 著

むら的、農家的共同としての集落営農と個別規模拡大経営の諸相を見ながら、新たな地域農業支援システムのあり方を提案する。

7 進化する集落営農
新しい「社会的協同経営体」と農協の役割
楠本雅弘著

農業と暮しを支え地域を再生する新しい社会的協同経営体。集落営農の歴史から、政策、地域ごとに特色ある多様な展開と農協の新たな関わりまで、その可能性を探る。

16 水田活用新時代
減反・転作対応から地域産業興しの拠点へ
谷口信和、梅本雅、千田雅之、李侖美著

飼料イネ、飼料米利用の意味・活用法から、米粉、ダイズなどを活用した集落営農によるコミュニティ・ビジネスまで、水田活用の方向性を展望する。

17 里山・遊休農地を生かす
新しい共同＝コモンズ形成の場
野田公夫、守山弘、高橋佳孝、九鬼康彰著

里山、草原と人間のかかわりを歴史的に見ながら、都市住民をまきこんだ新たな「入会制」による里山・草原再生・管理の道を提案する。

20 有機農業の技術とは何か
土の学び、実践者とともに
中島紀一 著

有機農業の技術論の骨格は「低投入・内部循環・自然共生」にあるとする著者が、「土の力」に支えられて各地で実践してきた農家の到達点に学びながら、さらに広げ深めて展開する。

21 百姓学宣言
経済を中心にしない生き方
宇根　豊著

農業「技術」にはない百姓「仕事」のもつ意味を明らかにし、五千種以上の生き物を育てる「田んぼ」を引き継ぐ道を指し示す。

①「地元学からの出発」（既刊）、③「自治と自給と地域主権」、④「食料主権のグランドデザイン」（既刊）、⑥「自治の再生と地域間連携」、⑧「復興の息吹き」、⑨「地域農業の再生と農地制度」（既刊）、⑩「農協は地域に何ができるか」（既刊）、⑪「家族・集落・女性の力」、⑫「場の教育」（既刊）、⑬「コミュニティー・エネルギー」（既刊）、⑭「農村の福祉力」、⑮「雇用と地域を創る直売所」、⑱「林業革命」、⑲「海業―漁業を超える生業の創出」（既刊）

（以上、２０１３年３月現在）